Renate Ettl · Pferde gut in Form

Renate Ettl

Pferde gut in Form

Richtiges

Training für

Fitness und

Gesundheit

Müller
Rüschlikon

Einbandgestaltung: Anita Ament

Fotos: Renate Ettl

ISBN 978-3-275-01593-1

Copyright © 2007 by Müller Rüschlikon Verlag, Postfach 103743, 70032 Stuttgart
Ein Unternehmen der Paul Pietsch Verlage GmbH + Co
Lizenznehmer der bucheli Verlags AG, Baarerstr. 43, CH-6304 Zug

1. Auflage 2007

Sie finden uns im Internet unter www.mueller-rueschlikon-verlag.de

Lektorat: Claudia König
Innengestaltung: Sabine Heüveldop, Dülmen
Druck und Bindung: Graspo CZ, 76302 Zlin
Printed in Czech Republic

Inhalt

IV. Grundlagen
der Trainingslehre 78

V. Pferdetraining
in der Praxis 139

VI. Trainingshilfen
und -kontrolle 155

VII. Maßnahmen
zur Erhaltung von
Gesundheit und Fitness ... 167

Nachwort 176

Kapitel 1

Geritten werden ist für das Pferd Sport. Dabei ist es völlig unerheblich, ob man das Reiten breitensportlich beziehungsweise freizeitmäßig oder leistungsbezogen als Turniersport betreibt. Die Belastungen des Pferdes, die allein schon aufgrund des zusätzlichen Reitergewichts, das auf den Pferderücken einwirkt, entstehen, ganz zu schweigen von den differenzierten Anforderungen der unterschiedlichen Disziplinen und Reitweisen, erfordern eine spezielle Anpassung des Pferdes. Jegliche körperliche Anpassung an bestimmte Leistungsanforderungen nennt man Training.

Reiten
ist
Training

Obwohl auch der Reiter eine gewisse sportliche Leistung erbringt, wenn er in den Sattel steigt, obliegt doch dem Pferd der größte Teil der sportlichen Aktivität. Ein Reiter, der sich selbst fit hält und somit geschmeidig sitzen kann, hilft seinem Pferd durchaus in seiner Aufgabe. Die Belastungen des Pferdes kann ein guter Reiter durch seine Unterstützung verringern. Deshalb ist es sehr wichtig, dass der Reiter eine gute Grundausbildung durchläuft und stetig an seinen reiterlichen Fähigkeiten arbeitet. Reiter und Pferd sind stets eine Einheit, deshalb genügt es nicht, wenn das Pferd einem gewissen Training unterzogen wird. Ein durchtrainiertes Pferd kann keine ausreichenden Leistungen erbringen, wenn der Reiter es durch mangelndes Können daran hindert.

Zwar erwarten 90 Prozent aller Reiter keine Spitzenleistungen von ihren Pferden, da sie sich der Freizeitreiterei verschrieben haben und vielleicht mit Vorliebe gemütlich durchs Gelände streifen, doch die Anpassung durch ein gezieltes Training ist durchaus nicht nur auf

Ein Reiter, der sich selbst fit hält, kann geschmeidiger sitzen und gefühlvoller auf das Pferd einwirken.

Jedes Pferd muss seinem Einsatzgebiet entsprechend geschult werden. Das gilt für Freizeitpferde wie für Sportpferde gleichermaßen.

Höchstleistungen ausgelegt. Selbst der kleine Spazierritt erfordert gewisse Voraussetzungen des Pferdes, um Überlastungserscheinungen auszuschließen. Hier steht in erster Linie die Gesunderhaltung des Pferdes im Vordergrund.

Auch beim Menschen spricht man vom »Gesundheitssport«, bei dem man bestrebt ist, Herz, Kreislauf, Muskeln, Knochen, Bänder und Sehnen auf eine Weise zu beanspruchen, dass sie durch einen gezielten Trainingsreiz stärker werden. Dadurch ergibt sich eine bessere Robustheit gegenüber jeglichen Formen von be- und überlastenden Einflüssen, weil das Immunsystem gestärkt wird.

Von einem Pferd, das als Freizeitpartner einige Male in der Woche lediglich ein bis zwei Stunden seinen Reiter durch den Wald trägt, erwartet man keine große sportliche Leistung. Ein vorzeitiger Gelenkverschleiß und Muskelprobleme aufgrund von Überforderung erscheinen unrealistisch. Doch weit gefehlt! Es genügt, wenn der Reiter etwas schief sitzt, der Sattel an einer Stelle drückt oder Fehlbelastungen durch einen schiefen Huf vorhanden sind, um Überlastungserscheinungen hervorzurufen. Gerade beim Freizeitpferd achtet man weniger auf derartige Faktoren, so dass diese darum sogar recht häufig auftreten.

Der Lohn für ein gut durchstrukturiertes Training ist ein Pferd, das lange gesund bleibt und Erfolge im Sport hat.

Das Pferd beginnt nicht sofort zu lahmen, denn die Symptome kommen schleichend. Zunächst ergeben sich meist unerkannte Muskelverspannungen oder Fehlhaltungen. Ist das Pferd erst einmal lahm, bedarf es neben einer gezielten Ursachensuche und Diagnosestellung insbesondere sehr gut durchdachter Rehabilitationsmaßnahmen, um das Tier wieder fit zu bekommen.

Jedes Pferd – ob Spitzensportler oder Freizeitkamerad – muss also gezielt für sein jeweiliges Einsatzgebiet geschult und trainiert werden.

Was ist Training?

Unter Training versteht man physische und psychische Anpassung des Körpers an geforderte Leistungen.

Um dies bewerkstelligen zu können, sind umfassende Kenntnisse der Physiologie, aber auch Psychologie des Pferdes erforderlich. Da der Reiter immer auch der Trainer seines Pferdes ist, weil er sein Tier bestimmten Belastungen aussetzt und gewisse Leistungen von ihm fordert, muss er sich zumindest in den Grundlagen der Trainingslehre auskennen, aber auch Trainingsmethoden und -prinzipien kennen und anwenden können.

Als Grundlage müssen Kenntnisse über die natürlichen Bedürfnisse, Verhaltensweisen und Futteransprüche des Pferdes vorausgesetzt werden. Erst dann kann der Reiter seinem Pferd gerecht werden. Beide sollen Spaß am täglichen Ausritt haben oder – der Spitzensportler – an die Leistungsgrenzen herangehen können und dabei gesund bleiben. Der Lohn für die Bemühungen ist sowohl beim Reiter als auch beim Pferd die Freude an der Bewegung im Allgemeinen und der Spitzenleistung, verbunden mit sportlichen Erfolgen im Besonderen.

Kapitel 2

Bei jedem »Anpassungsvorgang« – sprich Training – wird nicht nur die Muskulatur des Pferdes beansprucht, sondern auch die Bänder, Sehnen, Knochen, Gelenke, Organe sowie das

Atmungs- und Kreislaufsystem. Dabei kann nur ein gesunder Organismus eine entsprechende Leistung erbringen. Für den Reiter und Pferdebesitzer ist es deshalb ganz besonders wichtig, den Gesundheitszustand seines Pferdes zu kennen und einzu-

Die
Physiologie
des
Pferdes

schätzen. Die Voraussetzung hierfür ist, über die Physiologie des Pferdes Bescheid zu wissen. Dies ist auch ein wichtiger Bestandteil, um das Training richtig aufbauen zu können und die Belastungsaspekte gezielt zu setzen.

Das Skelett

Das Knochengerüst des Pferdes besteht aus den Knochen und den Gelenken, die die Knochen miteinander verbinden. Die Gelenke haben sehr unterschiedliche Mechanismen und bestimmen, in welcher Form die Knochen zueinander bewegt werden können. Dies ist wichtig, um die Leistungsfähigkeit eines Pferdes einschätzen zu können. Wir kennen unter anderem das Zapfengelenk (zwischen Atlas und Axis), Scharniergelenke, Kugelgelenke und straffe Gelenke, um nur einige Beispiele zu nennen.

Auffällig ist, dass die Bewegungsmechanik der Beine des Pferdes in erster Linie eine Vor- und Rückwärtsbewegung zulässt, nicht aber eine Drehung nach außen oder innen. Dies ist ein Beispiel dafür, dass die Art der Beweglichkeit von der Gelenkform abhängt. Es gibt aber auch noch andere Verbindungen zwischen Knochen, die nicht über ein Gelenk bestehen. Das beste Beispiel dafür ist die knorpelige Verbindung der Wirbel mit Hilfe der so genannten Zwischenwirbelscheiben, besser bekannt als Bandscheiben.

Eine Besonderheit des Pferdeskeletts ist außerdem die ungelenkige Verbindung der Vordergliedmaßen mit dem Rumpf des Pferdes. Die Vordergliedmaßen sind an den Schulterblättern über Muskeln und Sehnen mit dem Hauptskelett (Achsenskelett) verbunden. Dem Pferd fehlt demzufolge auch das Schlüsselbein. Bei Verspannungen des Muskel- und Sehnenapparats – insbesondere im Schulterbereich – büßt das Pferd automatisch an Beweglichkeit der Vorhand ein.

Das Pferdeskelett ist unterteilt in ein Achsen- und ein Anhangsskelett. Zum Achsenskelett gehören Schädel, Wirbelsäule, Rippen und Brustbein. Die Gliedmaßen mit Schulterblatt und Becken sind dem Anhangsskelett zugeordnet. Der Schädel des Pferdes besteht aus den mächtigen Ober- und Unterkieferknochen. Von zentraler Bedeutung für den Reiter ist insbesondere die Konstruktion der Wirbelsäule des Pferdes. Am Hinterhauptsbein schließen die Halswirbel an. Die Fuge zwischen dem ersten Halswirbel und dem Unterkieferast kennt der Reiter als Ganaschenfreiheit und ist für die Nachgiebigkeit des Pferdes ein wichtiges Beurteilungskriterium. Das Pferd hat – wie fast jedes andere Säugetier auch – sieben Halswirbel. Den ersten Halswirbel nennt man Atlas, den zweiten Axis. Die Gelenkverbindung zwischen Hinterhauptsbein und Atlas ist so gestaltet, dass das Pferd mit dem Kopf lediglich nicken, aber keine Seitenrotation ausführen kann (darum wird dieses Gelenk auch als »Ja-Sage-Gelenk« bezeichnet). Die Zapfenverbindung zwischen Atlas und Axis hingegen lässt nur eine Rotation zu (»Nein-Sage-Gelenk«) – das Pferd kann seinen Kopf damit nur drehen, aber nicht nicken. Die weiteren Halswirbel sind für das Heben und Senken des Kopfes und Halses zuständig und lassen außerdem eine Seitneigung zu. Die Halswirbelsäule verläuft im unteren Drittel des Halses und verschwindet hinter dem Schulterblatt und geht dort in die Brustwirbelsäule über.

Für den Reiter hat der Verlauf der Halswirbelsäule eine große Bedeutung. Beim Zügelzug werden die Halswirbel aufgrund ihres Verlaufs im unteren Halsdrittel gegeneinander gestaucht, was dem Pferd sehr unangenehm ist und auch Schmerzen verursachen kann. Auch Abnutzungserscheinungen in den Halswirbeln sind möglich.

Unter Ganaschenfreiheit versteht man die Fuge zwischen erstem Halswirbel und dem Unterkieferast des Pferdes.

Die Brustwirbel steigen hinter dem Schulterblatt nach oben an, bis der dritte Brustwirbel mit seinem Dornfortsatz am Widerrist sicht- und tastbar wird. Den höchsten Punkt am Widerrist bekleidet ungefähr der fünfte von insgesamt 18 Brustwirbeln. Die Wirbel des Widerrists haben die längsten Dornfortsätze und stehen schräg nach hinten. Der Dornfortsatz des in etwa 15. Brustwirbels steht senkrecht, vom 16. bis 18. Brustwirbel neigen sich die Dornfortsätze nach vorne. Der Reiter sollte nicht auf den kraniodorsal geneigten (nach vorne geneigten) Wirbeln sitzen, weil der Pferderücken im Übergang zur Lendenwirbelsäule dann nicht kräftig genug ist, den Rücken aufzuwölben. In der Regel sitzt der Reiter ungefähr auf Höhe des 13. Brustwirbels.

Zu lange Sättel mit einem stark nach hinten verlagerten Sitzschwerpunkt, wie es bei manchen Western- sowie Töltsätteln vorkommen kann, oder zu weit hinten gegurtete Sättel, aber auch Reiter, die ihren Schwerpunkt übertrieben nach hinten verlagern (meist in Folge eines abgekippten Beckens in Verbindung mit vorgestreckten Beinen sowie eines Stuhlsitzes, bei dem der Reiter die Knie zu stark hochzieht), belasten die letzten Brustwirbel, aber auch die Lendenwirbelsäule übermäßig. Dies kann zu Rückenproblemen führen, weil das Pferd nicht mehr »über den Rücken« gehen kann. Schmerzen im Rücken veranlassen das Pferd schließlich dazu, den Rücken nach unten wegzudrücken, wodurch sich die Dornfortsätze der Wirbel annähern, was beispielsweise zu einer »Kissing spines« Erkrankung führen kann.

Insbesondere sind Springpferde für diese Erkrankung disponiert, weil die Wirbelsäule – hauptsächlich im Brustwirbelbereich – einer enormen Stauchung ausgesetzt ist, gerade in dem Moment, in dem sie nach dem Sprung mit den Vorderbeinen am Boden landen. Doch vor Kissing spines sind auch alle anderen Pferde, die in den unterschiedlichsten Disziplinen geritten werden, nicht gefeit.

Die Lendenwirbel, welche an die Brustwirbel anschließen, sind mit sehr langen Seitenfortsätzen ausgestattet, die eine Schutzfunktion für die darunter liegenden Organe darstellen.

Das Pferd hat in der Regel sechs Lendenwirbel. Araber, Esel und Maultiere können aber auch nur fünf und Achal Tekkiner und Andalusier auch mal sieben Lendenwirbel besitzen. Während die Brustwirbelsäule eine Unterstützung durch die anhängenden Rippen erfährt, hat die Lendenwirbelsäule keinerlei Beihilfe über andere Strukturen und ist deshalb ein Schwachpunkt der Wirbelsäule. Von der Lendenwirbelsäule gehen deshalb auch viele primäre Rückenprobleme aus.

Der Lendenwirbelsäule folgen die Kreuzbeinwirbel – in der Regel sind dies fünf an der Zahl. Die Besonderheit der Kreuzbeinwirbel ist, dass diese fest miteinander verwachsen sind. Damit sind die Wirbel untereinander nicht beweglich, aber das Pferd hat durch das Kreuzbein eine gute Stabilität in diesem Bereich. Wenn das Pferd die Hinterbeine unter seinen Körper schiebt, muss es das gesamte Kreuzbein abkippen, was sehr deutlich beim Sliding Stop des Westernpferdes zu erkennen ist.

Dies ergibt eine starke Belastung im Übergangsbereich von der Lendenwirbelsäule zum Kreuzbein, im so genannten Lumbo-Sakral-Gelenk (Kreuzdarmbeingelenk).

Nach dem Kreuzbein schließen noch etwa 18 bis 21 Schweifwirbel an, die zum Ende hin nur noch rudimentär ausgebildet sind. Die ersten beiden Schweifwirbel sind im Rumpf verborgen, ab dem dritten Schweifwirbel kann man die einzelnen Wirbelrudimente an der Schweifrübe ertasten.

Zum Achsenskelett gehören auch die Rippen. Diese haften jeweils an den Brustwirbeln an, so dass sich hier eine Anzahl von 18 Rippen er-

gibt. Man unterscheidet zehn Atmungsrippen und acht Tragrippen. Die Tragrippen haften an den ersten acht Brustwirbeln an und sind mit dem Brustbein fest verwachsen. Die Atmungsrippen hingegen weisen eine knorpelige Verbindung auf. Sie können sich aufgrund dessen der Lungenatmung elastisch anpassen.

Die Achal Tekkiner gehören zu den Rassen, die ausnahmsweise auch mal nur fünf Lendenwirbel haben können.

Zum Anhangsskelett gehören die Vordergliedmaßen mit dem Schulterblatt, das – wie schon erwähnt – keine gelenkige Verbindung zum Achsenskelett hat. Am unteren Ende ist das Schulterblatt über das Schulter- beziehungsweise Buggelenk mit dem Oberarmknochen verbunden. Dieser läuft schräg nach hinten unten zum Ellenbogengelenk. Von da aus steht der Unterarm nahezu senkrecht zum Boden und ist mit dem Vorderfußwurzelgelenk (Karpalgelenk) verbunden. Das Karpalgelenk besteht aus mehreren Knochen. Dahinter liegt das Erbsenbein. Weiter besteht die Vordergliedmaße aus dem Röhrbein, das bis zum Fesselgelenk führt. Ab dem Röhrbein abwärts besitzt das Pferd keine Muskeln mehr, sondern lediglich Sehnen. Deutlich kann man an der rückwärtigen Seite (kaudal) der Röhre die Beugesehnen sehen und fühlen. Im seitlichen oberen Bereich kann man die Griffelbeine ertasten, die die Restknochen der zweiten und vierten Finger darstellen.

Das Fesselgelenk ist mit dahinter liegenden Gleichbeinen ausgestattet, darunter liegt das Fesselbein. Abwärts gelegen befinden sich schließlich das Krongelenk, das Kronbein, das Hufgelenk mit dem dahinter liegenden Strahlbein und das Hufbein.

Die Hintergliedmaßen sind über das Kreuzdarmbeingelenk mit dem Beckengürtel an die Wirbelsäule angeheftet. Daran setzt das Oberschenkelbein über das Hüftgelenk mit seinem Sitzbeinhöcker an. Der Oberschenkel verläuft schräg zum Knie mit seiner gut ertastbaren Kniescheibe. Das Kniegelenk ist über den Unterschenkel mit dem Sprunggelenk, auch Hinterfußwurzelgelenk oder Tarsalgelenk genannt, verbunden. Wiederum eine Besonderheit der Bewegungsmechanik des Pferdes ist, dass Knie und Sprunggelenk nicht unabhängig voneinander bewegt werden können.

Das Pferd hat unterhalb des Karpalgelenks keine Muskulatur mehr, sondern nur noch Sehnen.

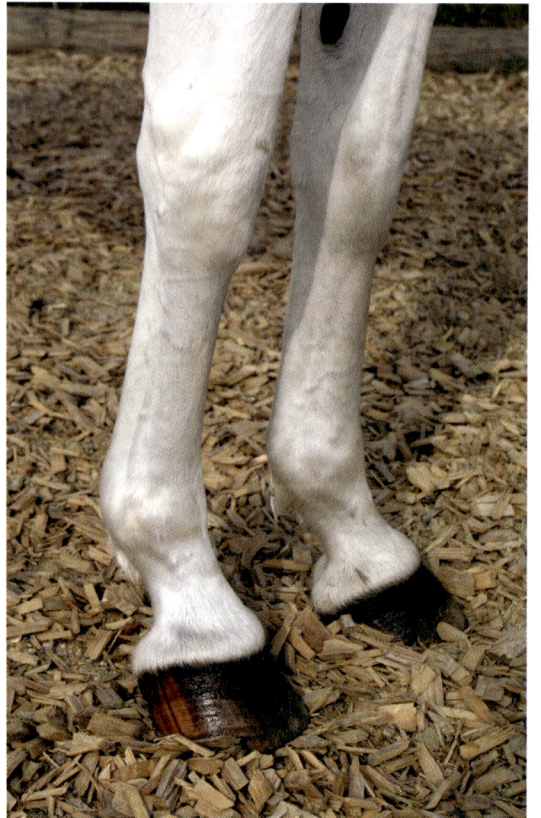

Am Sprunggelenk setzt das Fersenbein (Fersenbeinhöcker) an. Die unter dem Sprunggelenk liegende Hinterröhre hat ebenfalls zwei Griffelbeine an jeder Seite, welche die zurückgebildeten zweiten und vierten Zehen darstellen. Das Pferd läuft als Zehenspitzengänger nur noch auf der mittleren Zehe beziehungsweise dem Mittelfinger (Vorhand). Das Fesselgelenk folgt unterhalb des Röhrbeins. Alle darunter liegenden Teile gleichen dem Aufbau der Vordergliedmaßen: Fesselbein, Krongelenk, Kronbein, Hufgelenk, Hufbein.

Das Skelett hat an die 200 Knochen und wird auch als passiver Bewegungsapparat bezeichnet. Es hat in erster Linie eine Stützfunktion, verankert aber auch die Muskulatur und ist somit für die Bewegung des Pferdes verantwortlich. Das Skelett dient außerdem als Schutz für die inneren Organe und das Nervensystem, zudem ist es ein Mineralstofflager, insbesondere für Kalzium und Phosphor. Zudem haben die Knochen eine große Bedeutung für die Blutbildung.

Knochen sind kein totes, sondern lebendes Gewebe, das ständigen Veränderungen unterworfen ist, die durch Wachstum, Krankheit, Heilungsvorgänge und Belastungen (Trainingsvorgänge) beeinflusst werden. Die Knochen bestehen zu zwei Drittel aus anorganischen Salzen (Kalzium, Phosphor) und einem Drittel fibrösem Gewebe. Ausgehend vom Periost (Knochenhaut) erfolgt die Neubildung von Knochen durch die so genannten Osteoblasten. Andere Zellen, die man Osteoklasten nennt, sind für den Knochenabbau zuständig und werden aktiv, wenn beispielsweise die Belastung heruntergefahren wird.

Für gesunde und harte Knochen muss das Verhältnis von Knochenab- und -anbau ausgewogen sein. Dies kann man durch ein entsprechendes Trainings- und Bewegungsprogramm steuern. Die Belastung darf nicht zu groß, aber auch nicht zu gering sein.

Knochen sind also ebenso trainierbar wie die Muskulatur. Durch eine gezielte Belastung erfährt der Knochen eine Stärkung, weil mehr anorganische Substanzen eingelagert werden. Allerdings kann eine Überbeanspruchung – wie auch eine Rückführung der Beanspruchung (lange Boxenruhe) – zu einem Abbau der Mineralstoffc im Knochen führen. Dies macht den Knochen brüchig und anfällig. Die Belastbarkeit des Knochens ist dann reduziert. Knochenbrüche können somit schneller auftreten, insbesondere ist in diesem Zusammenhang auch der Überlastungsbruch zu nennen, der aufgrund der allgemein hohen Belastung vermehrt bei Rennpferden auftritt, was aber nicht ausschließt, dass es nicht auch ein Freizeitpferd treffen kann. Häufig stellen derartige Überlastungsbrüche lediglich kleine Faserrisse im Knochen dar, was aber dennoch zu erheblichen Schmerzen und darum auch zur Lahmheit führt.

Ständiger Druck auf die periostbedeckte Oberfläche eines Knochens (beispielsweise das Reiben von Sehnen) kann zu Knochenabbauführen. Ein zeitweiliger Druck auf die Knochenhaut hingegen, wie

__Knochen sind trainierbar!__ Wie die Muskulatur können auch die Knochen trainiert werden, weil das Verhältnis von Osteoblasten und Osteoklasten sich den Belastungen anpasst. Eine ausgewogene Belastung hat starke Knochen zur Folge, der Aufbau erfolgt jedoch über mehrere Jahre.

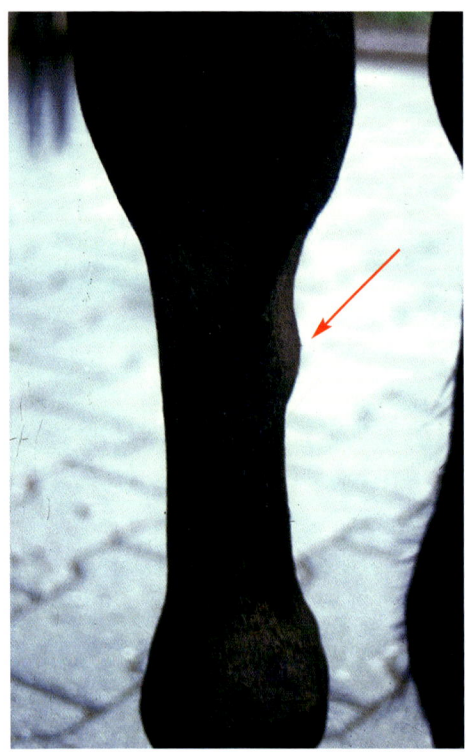

es bei einem Schlag vorkommt, führt aufgrund der Knochenhautreizung zu einem Anbau von Knochensubstanz. Daraus können sich so genannte Überbeine (Exostosen) bilden. Überbeine entstehen auch bei Überlastungen.

Der Knochenapparat ist für den Einsatz des Pferdes, seines Trainings und der Beanspruchung keineswegs außer Acht zu lassen. Man muss sich bewusst sein, dass das Skelett die Basis und das Fundament für alle anderen Funktionen darstellt. Wenn das Fundament schwach ist, fällt das Haus in sich zusammen. Darum ist ein starkes Knochengerüst die Voraussetzung für leistungsfähige und gesunde Pferde, zumal das Skelett die Grundstruktur darstellt, die den Reiter in erster Linie trägt. Die Muskulatur unterstützt dabei nur.

Die Gelenke

Für den Reiter ist es nicht nur von Bedeutung zu wissen, welche Formen von Gelenken es gibt, sondern auch wie Gelenke aufgebaut sind und funktionieren. Gerade in Gelenkbereichen sind Pferde sehr anfällig für Verletzungen. Hier können Verrenkungen, Stauchungen und Kapselrisse auftreten, es bilden sich aber bevorzugt im Gelenkbereich schmerzhafte arthritische Veränderungen. Dies hat nicht nur mit der Komplexität des Gelenkaufbaus zu tun, sondern vielmehr mit den Belastungen, die auf die Gelenke einwirken.

Arthrosen treten bei Pferden sehr häufig auf und sind zum einen auf eine mangelhafte Ernährung der Gelenkknorpel, zum anderen auf Überlastungen zurückzuführen. Die den Knochen umgebenden Knorpelflächen werden bei arthritischen Veränderungen durch Verschleiß abgerieben, die Knorpel fasern aus.

Durch die Reizung entstehen an den Gelenken Randwülste. Arthrose ist nicht heilbar, der Verschleiß macht sich schleichend bemerkbar; sie führt zu steifem Gang und schließlich zur Lahmheit. Die Gelenke können in fortgeschrittenem Stadium versteifen. Sie müssen deshalb regelrecht gepflegt werden, sollen sie lange ihren Dienst verrichten. Hierzu gehört unter anderem eine ausgewogene Fütterung (unter Umständen mit Futterzusätzen wie Gelatine, Kräuter und Muschelextrakte) sowie eine moderate Belastung.

Die Knochenenden sind mit einer knorpeligen Bindegewebsschicht überzogen, die als Puffer dient. Die Gelenkkapseln befinden sind an den Rändern der Gelenkflächen und produzieren die Gelenkschmiere, die so genannte Synovia. Diese zähe, gelbliche Flüssigkeit dient zur Ernährung der Knorpelschichten und als »Schmiermittel« zwischen den Gelenken. Sie verhindert also, dass die Knochen sich gegenseitig regelrecht aufreiben. Man kann die Synovia mit einem Öl für mechanische Verbindungen vergleichen.

Die Gelenkschmiere kann sich aber nur gut verteilen, wenn das Gelenk bewegt wird, weil nur dann gewisse Pump- und Saugwirkungen zustande kommen, die die Gelenkflüssigkeit zwischen den Knorpelflächen verteilen. Durch Bewegung entsteht außerdem Wärme, die Gelenkschmiere wird dadurch dünnflüssiger und kann sich aufgrund dessen besser verteilen. Darum ist eine richtig durchgeführte Aufwärmphase für das Pferd von großer Bedeutung (s. S. 142ff).

Die Muskulatur

Das Skelettsystem kann sich ohne die Hilfe der Muskeln nicht selbstständig bewegen. Die Muskulatur wiederum ist aber auch von Nervenreizen abhängig, um tätig werden zu können. So ist der gesamte Bewegungsapparat des Pferdes stets ein Zusammenspiel von vielerlei Faktoren. Die Muskulatur des Pferdes wird auch als aktiver Bewegungsapparat bezeichnet. Die Muskeln haben verschiedene Aufgaben, darunter die Haltefunktion des Körpers, die Bewegung des Körpers durch Kontraktion, die Wärmeproduktion (Zittern bei Kälte) und eine Schutzfunktion für Organe und Nerven.

Man unterscheidet drei Muskelarten: glatte Muskeln, quer gestreifte Muskeln und die Herzmuskulatur. Die glatten Muskeln zeigen unter dem Mikroskop keine Querstreifung. Ihre Fasern sind sehr kurz (maximal 0,5 mm) und die Kontraktion wird vom autonomen Nervensystem gesteuert. Man spricht deshalb auch von einer unwillkürlichen Muskulatur. Zu diesen Muskeln zählen beispielsweise der Schließmuskeln der Körperöffnungen (After, Maul usw.).

Die Herzmuskulatur ist ebenfalls nicht willkürlich steuerbar, nimmt aber aufgrund ihrer Form eine Sonderstellung ein. Sie ist vom Typ her wie die Skelettmuskulatur ebenfalls quer gestreift.

Die Skelett- oder quer gestreifte Muskulatur ist für den Reiter und Trainer interessanter. Diese Art der Muskulatur wird vom somatischen Nervensystem gesteuert. Die Muskeln können deshalb willkürlich kontrahiert werden. Diese Muskulatur ist für die Bewegung zuständig.

Quer gestreifte Muskeln sind in viele Muskelfasern aufgegliedert. Das Pferd besitzt unter allen Säugetieren die sehnigste Muskulatur. Dabei stellt die Muskelmasse etwa 45 Prozent des gesamten Körpergewichts des Pferdes dar.

Man unterscheidet bei den Skelettmuskeln wiederum zwischen den weißen und roten Muskelfasertypen. Das Verhältnis von blassen (weißen) und roten Muskelfasern ist vererblich, rasseabhängig, aber bis zu einem gewissen Grad auch trainierbar, also umformbar. Die Funktion eines bestimmten Muskels ist unter anderem für die Verteilung der roten und weißen Muskelfasern bestimmend. Muskeln, die eine Stütz- und Haltefunktion verrichten, haben mehr rote Muskelfasern; Skelettmuskeln, die für die Bewegung verantwortlich sind, sind mit einem größeren Teil weißer Fasern ausgestattet.

Die Kontraktionsgeschwindigkeit ist bei weißen Muskelfasern sehr schnell, die roten kontrahieren dagegen langsamer. Rote Muskelfasern sind ausdauernder und haben mehr Sauerstoffkapazität im Vergleich zur weißen Muskulatur. So arbeiten die roten Muskelfasern im aeroben Bereich, während die weißen Muskelfasern im anaeroben Bereich ihre Leistung erbringen.

Blasse Muskulatur benötigt für ihre Arbeit wenig Sauerstoff, deshalb kann sie schnelle Muskelkraft bereitstellen. Pferde mit guten Sprinteigenschaften (beispielsweise das Quarter Horse) besitzen deshalb einen hohen Anteil weißer Muskelfasern.

Dafür ermüden diese Muskeln relativ früh und das Pferd kann eine hohe Geschwindigkeit nicht über einen längeren Zeitraum aufrechterhalten. Rote Muskelfasern hingegen benötigen viel Sauerstoff, sie sind dafür auch sehr ausdauernd.

Weiße Muskelfasern sind also für die Schnellkraft zuständig (beispielsweise wichtig für Springpferde) und arbeiten im anaeroben Bereich, rote erzeugen Ausdauer (wichtig für Rennpferde, die über lange Distanzen gehen müssen) und lang anhaltende Kraft und verrichten ihre Arbeit im aeroben Bereich.

Die Blutversorgung ist für die Trainierbarkeit eines Muskels verantwortlich. Daraus lässt sich schließen, dass die roten Muskelfasern gut trainierbar sind und das Training nur im aeroben Bereich stattfinden kann. Jede Überanstrengung bedeutet Sauerstoffmangel in der Muskulatur und den Übergang in den anaeroben Bereich. Durch die Sauerstoffschuld und die dabei stattfindende ungenügende Verbrennung entstehen Stoffwechselschlacken wie Milchsäure, Kohlendioxid und Phosphorsäure, die zu einer Übersäuerung der Muskulatur führen. Die Muskulatur schmerzt (brennt) und der Sportler ist zum Aufhören gezwungen. Im Extremfall kann das Pferd einen Kreuzverschlag erleiden, wenn die Muskulatur zu stark übersäuert. Allerdings ist die Übersäuerung nicht allein der ausschlaggebende Faktor von Kreuzverschlag wie Untersuchungen gezeigt haben.

Die Muskelfasern, deren Bündelung den Muskelbauch ergeben, gehen an beiden Enden in Sehnenfasern über, die sich zu Sehnensträngen vereinen und jeweils am Knochen ansetzen. Unterschieden wird zwischen dem Muskelansatz (Insertio) und dem Muskelursprung (Origo), der üblicherweise näher zur Körpermitte liegt und im Allgemeinen nicht bewegt wird. Somit nähert sich der Muskelansatz bei einer Muskelkontraktion dem Ursprung an.

Ein Muskel kann sich aus eigener Kraft nicht entspannen. Hierfür benötigt jeder Muskel einen Gegenspieler, durch dessen Kontraktion der gegenüberliegende Muskel wieder gedehnt wird. Der sich kontrahierende Muskel (Beweger) wird Agonist genannt, der gegenüberliegende dabei sich dehnende Muskel Antagonist.

Normalerweise überbrückt ein Muskel ein Gelenk (um dieses zu bewegen), allerdings gibt es auch Muskeln, die mehrere Gelenke umfas-

Großer Sehnenanteil
Das Pferd besitzt unter allen Säugetieren die sehnigste Muskulatur. Viele Muskeln gehen frühzeitig in Sehnen über. Insbesondere besitzt das Pferd unterhalb des Karpal- beziehungsweise Sprunggelenks keine Muskeln, sondern nur noch Sehnen. Da Sehnen nicht ermüden können, sind Pferde sehr leistungsfähig.

Die Physiologie des Pferdes

sen. Die Bezeichnung der einzelnen Muskeln ergibt sich aus deren Funktion. Einige bedeutende Ausdrücke sind Flexoren (Beuger), Extensoren (Strecker), Adduktoren (Einwärtszieher), Abduktoren (Auswärtszieher), Rotatoren (Dreher) und Tensoren (Spanner). Bei Pferden muss die Bezeichnung allerdings nicht immer mit der Funktion übereinstimmen. Der Grund hierfür liegt darin, dass die Namen aus der Humanmedizin übernommen worden sind, wo die betreffenden Muskeln manchmal eine andere Funktion haben.

So ist der Strecker des Vorderfußwurzelgelenks (musculus extensor carpi ulnaris) beim Pferd eigentlich ein Beuger, da er das Karpalgelenk beugt, obwohl »extensor« auf einen Strecker hinweisen würde.

Pferde mit guten Sprinteigenschaften, wie das englische Vollblut, haben einen hohen Anteil weißer Muskelfasern.

Sehnen und Bänder

Die Verbindungsstücke zwischen der Muskulatur und dem Knochen stellen die Sehnen dar. Sie bestehen aus fibrösem Gewebe und sind bei geringer Elastizität extrem zugfest. Muskeln hingegen sind wesentlich flexibler und lassen sich deshalb leichter formen (trainieren). Die Anfälligkeit für Verletzungen ist bei den Sehnen erhöht, weil sie in ihrer Struktur zäher sowie schlechter durchblutet sind. Gutes Aufwärmen ist deshalb sehr wichtig. Auch forciertes Training, bei dem schnelle Muskulatur aufgebaut wird, kann – vor allem beim jungen Pferd – Probleme im Sehnenbereich hervorrufen, da die Sehnen unflexibler sind als die Muskulatur und darum eine längere Trainingszeit beanspruchen. Die schlechte Durchblutung des Sehnengewebes erschwert die Trainierbarkeit und ver-

Bei forciertem Training kann Muskulatur schneller aufgebaut werden. Sehnen hingegen benötigen eine längere Trainingszeit, bis eine Anpassung eintritt.

langsamt zudem den Heilungsprozess, wenn es zu einer Verletzung gekommen ist. Während das Pferd bei einer Muskelverletzung bereits nach einigen Wochen wieder fit ist, benötigt eine Sehnenverletzung mehrere Monate, bis diese ausgeheilt ist.

Bänder sind äußerst unnachgiebig und stabil und haben insbesondere die Aufgabe, die Gelenke zu stabilisieren. Sie sind aber dennoch flexibel genug, um die Bewegung eines Gelenks nicht zu behindern. Sie verlaufen von einem Knochen zum anderen und überspannen dabei ein Gelenk. Die Bänder schützen das Gelenk davor, dass es überbogen wird.

Verletzungen des Bandapparates haben häufig eine ungenügende Aufwärmphase als Ursache, aber auch das »Vertreten« des Beines – was häufiger beim Geländeritt oder beim Toben auf der Koppel vorkommen kann – kann eine Bänderzerrung oder gar -zerreißung zur Folge haben. Wie die Sehnen benötigen auch Bänder lange Zeit, um auszuheilen, da auch diese relativ schlecht durchblutet sind.

Überdehnte Bänder können ihre Festigkeit auf Dauer auch verlieren, wenn sie über Maßen beansprucht werden. Demzufolge wird das jeweilige Gelenk instabil und ist für Verschleißerscheinungen besonders anfällig.

Das Nervensystem

Alle Bewegungen und Organfunktionen des Körpers werden über das Nervensystem gesteuert. Das Nervensystem eines Lebewesens kann man als Kommandozentrale bezeichnen, in dem zum einen willkürlich, zum anderen aber auch unwillkürlich sowohl Informationen eingeholt, verarbeitet und herausgegeben werden.

Das Nervensystem hat die Aufgabe, die Körperfunktionen zu steuern und zu koordinieren. Weiter nimmt es Reize vom Körper und von außen auf und wandelt diese in bestimmte Reaktionen um. Das Nervensystem kontrolliert zudem die geistigen, psychischen Vorgänge im Körper.

Wenn man Pferde reitet und trainiert, beeinflusst man auch das Nervensystem. Insbesondere interessiert in diesem Zusammenhang zum einen der Teil des Nervensystems, der die Durchblutung und den Muskeltonus steuert. Zum anderen nimmt man Einfluss auf den Teil des Nervensystems, der die unwillkürlichen Reaktionen kontrolliert. Hierzu ist es wichtig, die Funktion des Nervensystems zu begreifen, um bewusst herbeigeführte, auf den Körper positiv auswirkende Reaktionen zu erzielen.

Das Nervensystem kann man in verschiedene Kategorien einteilen. Zunächst lässt es sich topografisch einordnen. Dabei unterscheidet man das Zentralnervensystem (ZNS) vom peripheren Nervensystem. Das ZNS versteht sich als Kommandozentrale und übernimmt die Steuerung des gesamten Nervensystems. Es besteht aus dem Gehirn und dem Rückenmark. Das periphere Nervensystem beinhaltet die Gehirnnerven, die Rückenmarksnerven und die peripheren Ganglien. Alle Nervenimpulse haben ihren Ursprung im Zentralnervensystem. Von hier aus werden die Funktionen der Muskeln, Organe und Drüsen gesteuert.

Das periphere Nervensystem lässt sich weiter in ein afferentes und efferentes System unterteilen. Während das afferente System sämtliche Reize von den Rezeptoren in der Peripherie zum Zentralnervensystem weiterleitet, erhält das efferente System Informationen vom Zentralnervensystem und gibt sie an die Organe, Muskeln und Drüsen weiter. Neben der topografischen Einteilung des Nervensystems kennt man auch die Unterteilung in ein willkürliches und in ein unwillkürliches Nervensystem. Dies ist die funktionelle Einteilung des Nervensystems. Das willkürliche Nervensystem wird auch das animale oder somatische Nervensystem genannt. Das unwillkürliche Nervensystem ist auch bekannt als vegetatives oder autonomes System.

Das animale Nervensystem regelt also die willkürlichen Funktionen im Organismus. Es steuert die Motorik und dient der Wahrnehmung und Integration von Reizen.

Das vegetative Nervensystem hingegen ist in erster Linie für die Regelung der Vitalfunktionen (Herztätigkeit, Atmung, Verdauung, Wasserhaushalt, Stoffwechsel usw.) verantwortlich. Es steuert auch das Zusammenwirken der einzelnen Funktionen und bildet mit dem endokrinen System und den Körperflüssigkeiten eine funktionelle Einheit. Das vegetative Nervensystem unterteilt man wiederum in drei Teile: Der erste Teil ist das intramurale System, das aus den Nervenfasern in den Hohlorganen wie Herz, Blase, Darm und Magen besteht. Diese Nervenfasern weisen funktionell eine gewisse Selbstständigkeit auf. Als zweiten Teil kennen wir den Sympathikus und als Drittes den Parasympathikus.

Der Sympathikus und Parasympathikus sind Systeme, die sich gegenseitig beeinflussen und antagonistisch verhalten. Während der Sympathikus eine Aktivierung von Körperfunktionen verursacht, vermindert sie der Parasympathikus. Der Sympathikus wirkt ergotropisch (leistungssteigernd) und steuert die energieentladenden Prozesse im Körper. Er erhöht somit die Herzfrequenz, verengt die Arterien, erweitert die Pupillen, verlangsamt die Verdauung und erhöht die Schweißsekretion. Der Parasympathikus widmet sich der Energiespeicherung, der Erholung und dem Aufbau des Körpers. Er verlang-

Für die Vitalfunktionen wie beispielsweise die Atmung ist das vegetative Nervensystem des Pferdes verantwortlich.

samt die Herzfrequenz, erweitert die Arterien, beschleunigt die Verdauung und erhöht die Speichelsekretion.

Der Kreislauf

Das Herz-Kreislauf-System wird insbesondere bei Ausdauerbelastungen in Anspruch genommen. Die meisten pferdesportlichen Betätigungen – sowohl beim Reiter als auch beim Pferd – fallen in diese Kategorie. Darum ist es für den Reiter sehr wichtig, die Funktion des Herz-Kreislauf-Systems zu kennen und deren Auswirkungen richtig einzuordnen.

Bewegung erfordert Muskelarbeit, was schließlich das Kreislaufsystem in Schwung bringt: Atem- und Pulsfrequenz erhöhen sich.

Die Aufgabe des Kreislaufsystems ist die Verteilung des Sauerstoffs, der über die Atmung in den Blutkreislauf gelangt. Außerdem obliegt es dem Kreislaufsystem, die Nährstoffe, Antikörper zur Infektionsabwehr sowie Wärme zur Temperaturregulierung in die einzelnen

Körperregionen zu transportieren. Nicht zuletzt steuert das Kreislaufsystem die Ausscheidung von Kohlendioxid, das abgeatmet wird, und Stoffwechselprodukten.

Als »Träger« der einzelnen Substanzen fungiert das Blut, das im Blutkreislauf durch den Körper gepumpt wird. Als »Motor« dient das Herz, das sauerstoffarmes Blut zur Lunge pumpt, wo der Gasaustausch stattfindet. Das Blut gibt Kohlendioxid ab und nimmt Sauerstoff auf. Das mit Sauerstoff angereicherte Blut fließt zurück zum Herzen und wird über die Arterien in die einzelnen peripheren Regionen weitergepumpt. Auf seiner Reise durch den Körper verteilt das Blut die Nährstoffe und gibt den Sauerstoff an die Zellen ab. Zugleich nimmt es Giftstoffe, Kohlendioxid und andere Abfallstoffe auf.

Das sauerstoffarme Blut gelangt nun über die Venen zurück zum Herzen. Im Herzen angelangt beginnt der Kreislauf des Blutes von Neuem. Unterstützt wird die Pumpaktion auch von der Muskelkontraktion. Bewegung und Muskelarbeit bringt also das Kreislaufsystem in Schwung.

Wenn das Pferd einer Belastung ausgesetzt ist, benötigt es für die Muskeltätigkeit mehr Sauerstoff als in Ruhestellung. Das Herz muss darum schneller pumpen, um über das Blut mehr Sauerstoff in die Muskulatur zu bringen. Zusätzlich beschleunigt sich die Atmung, um den benötigten Sauerstoff zur Verfügung stellen zu können.

Im Ruhezustand hat das Pferd einen Puls von 28 bis 40 Schlägen in der Minute. Bei Belastung steigt der Puls und kann bei großer Anstrengung auf über 220 Schläge ansteigen.

Im Schritt hat das Pferd einen Puls von etwa 60 bis 80 Schlägen in der Minute, wobei es natürlich darauf ankommt, wie schnell und ausgreifend das Pferd im Schritt geht. Die Werte können dementsprechend abweichen. Einfluss auf die Pulsfrequenz nimmt aber auch der Trainingszustand des Pferdes. Im Trab bewegt es sich bei etwa 100 bis 180 Schlägen in der Minute, während im Galopp eine Herzfrequenz von 120 bis 220 Schlägen in der Minute gemessen werden kann. Im Galopp stellt sich die größte Abweichung heraus, weil viele Faktoren für die Pulsfrequenz eine Rolle spielen.

Ebenfalls zur Struktur des Kreislaufs gehört das Lymphsystem. Bei der Lymphe handelt es sich um eine durchsichtige, zähe Flüssigkeit, die

Wenn es die Verletzung zulässt, sollte das Pferd in Bewegung gehalten werden, weil ein aktiver Stoffwechsel die Heilung fördert. Praktisch ist es, wenn das verletzte Pferd als Handpferd mit ins Gelände genommen werden kann.

Abwehrkörper wie die so genannten Lymphozyten, welche auch als weiße Blutkörperchen bekannt sind, aber auch Nährstoffe und Sauerstoff in die Zellen bringt. Andererseits transportiert die Lymphe Kohlendioxid und Schlackestoffe ab und befördert diese Stoffe zurück in die Blutbahn.

Der Lymphfluss verläuft von der Peripherie immer in Richtung Herzen, also von den Beinen des Pferdes aufwärts. Will man den Lymphfluss in Gang bringen, sind Streichungen in Lymphflussrichtung, also an den Innenseiten der Beine von unten nach oben (entgegen der Fellstrichrichtung) sinnvoll. Zu einem Lymphstau kommt es meist durch Bewegungsmangel. Der Lymphstau äußert sich in Schwellungen und angelaufenen Beinen. Problematisch kann dies bei Pferden sein, die aufgrund einer Verletzung Boxenruhe einhalten müssen. Ein Lymphstau hemmt wegen des verzögerten Stoffwechsels die Heilung.

Auch das verletzte Pferd sollte deshalb Bewegung bekommen, wenn es die Verletzung zulässt. Hierzu ist aber stets der Tierarzt zu befragen und von diesem eine Befürwortung einzuholen.

Wenn keine Bewegung möglich ist, kann eine sanfte Massage helfen. Ausgebildete Physiotherapeuten können mit einer Lymphdrainage den Heilungsprozess hilfreich unterstützen.

Während zu wenig Bewegung einen Lymphstau verursachen kann, ist ein Zuviel ebenso schädlich. Überforderungen des Pferdes können das Lymphsystem auch überlasten. Es kommt dabei zur Anhäufung von Giftstoffen, die Entzündungen auslösen können.

Die Atmung

Das Atemsystem steht mit dem Kreislaufsystem in unmittelbarem Zusammenhang. Steigt der Puls, erhöht sich auch die Atemfrequenz. Ein gut funktionierendes Atemsystem ist für die Leistungsfähigkeit des Pferdes besonders wichtig.

Ist die Funktionalität des Atemsystems – meist aufgrund von (chronischer) Krankheit – eingeschränkt, ist die Leistungsfähigkeit des Pferdes deutlich herabgesetzt. Ein Pferd mit Lungenproblemen kann keine großen sportlichen Leistungen erbringen und scheidet als Kandidat für Ausdauersportarten wie Distanzrennen oder Springreiten aus. Selbst der Einsatz für den Dressursport und für Wanderritte ist fraglich, will man das Pferd nicht überfordern. Um den Einsatz eines vorgeschädigten Pferdes einzuschätzen, muss stets der Einzelfall betrachtet und der Rat des Tierarztes eingeholt werden. Meist ist eine moderate Bewegung mit langen Schrittphasen das sinnvollste Trainingsprogramm.

Der Austausch von Sauerstoff und Kohlendioxid findet in den Lungen, also über die Atmung, statt. Das Pferd atmet über die Nüstern ein, die Luft strömt über die Luftröhre in die Lungen und weiter in die Bronchien. An den Bronchien sitzen die so genannten Alveolen, in denen der Gasaustausch stattfindet. Sauerstoff wird abgegeben und Kohlendioxid aufgenommen und über denselben Weg, wie der Sauerstoff in den Körper gelangt ist, abgeatmet.

Um genügend Sauerstoff aufzunehmen, müssen sich die Lungen ausdehnen. Beim Ausatmen werden die Lungen zusammengezogen. Dies wird insbesondere durch die Muskulatur unterstützt. Hauptsächlich kommt hier das Zwerchfell (Diaphragma) zum Einsatz, das sich beim Einatmen zusammenzieht, um das Lungenvolumen zu vergrößern. Hierbei entsteht ein Unterdruck im Lungenraum, so dass Luft eingesogen wird. Die verbrauchte Luft wird ausgestoßen, wenn sich das Diaphragma entspannt, wodurch das Lungenvolumen kleiner wird. Die Zwischenrippenmuskulatur unterstützt die Atmung zusätzlich.

Eine starke, gut trainierte Muskulatur ist deshalb auch wichtig, damit die Atmung optimal funktioniert. Beide Faktoren sind unter anderem für die Leistungsfähigkeit des Pferdes verantwortlich.

Ein Pferd atmet im Ruhezustand etwa acht bis 16 Mal in der Minute. Bei hoher Belastung kann die Atemfrequenz auf das Zehnfache ansteigen. Interessant ist, dass das Pferd im Galopp bei jedem Galoppsprung einen Atemzug tätigt.

Die Atemfrequenz erhöht sich nicht nur bei Belastung, sondern auch bei hohen Außentemperaturen. Etwa 15 Prozent der Wärmeabgabe regelt das Pferd über die Atmung, so dass das Pferd hastiger atmet, damit es sich schneller abkühlen kann.

Bei jedem Galoppsprung macht das Pferd einen Atemzug.

Kapitel 3

In jeder Pferdezucht ist das erklärte Ziel die Leistungsfähigkeit des Pferdes. Beim Vollblüter selektiert man auf Schnelligkeit, der Warmblüter soll hohe Hindernisse springen können und das Dressurpferd ausgreifende und schwungvolle Gänge präsentieren. Die Voraussetzungen, diese Vorgaben zu erfüllen, gehen mit bestimmten Exterieurmerkmalen einher. In fast allen Rassezuchten achtet man auf diverse Reitpferdepoints, die als Grundlage für die Leistungsfähigkeit unter dem Sattel gelten.

Pferdebeurteilung
in Bezug
auf die
Leistungsfähigkeit

Obwohl bestimmte Disziplinen oder Einsatzgebiete eines Pferdes spezielle Anforderungen an das Gebäude des Reittiers stellen, gibt es allgemein gültige Faktoren, die unabhängig von der Reitweise oder Disziplin sind.

Nicht zu unterschätzen ist bei der Beurteilung von Pferden speziell in Bezug auf die Leistungsfähigkeit das Interieur eines Pferdes. Dieses offenbart sich auf den ersten Blick meist nicht sofort, so dass dessen Einschätzung oft schwierig ist und damit bei vielen Pferdeleuten zunächst im Hintergrund steht. Aus diesem Grund sind immer noch Pferde gut verkäuflich, die stur oder hypernervös sind, schlechte Nerven haben oder eben keinen Leistungswillen zeigen. Die Freizeitreiterszene nimmt solche Pferde nach wie vor gerne ab, so lange die Tiere im Anschaffungspreis billig sind. Der Leistungswille ist in allen Reitsportdisziplinen aber wesentlich entscheidender als ein perfektes Exterieur.

Wenn ein Pferd billig ist, halten auch Exterieur- und Interieurmängel viele Freizeitreiter nicht davon ab, diese Pferde dennoch zu kaufen.

Weiter spielen Faktoren wie die Sensibilität eines Pferdes, der Gesundheitszustand und die allgemeine Konstitution eine sehr große Rolle, will man ein Pferd auf die Leistungsfähigkeit hin beurteilen. Dabei ist es oftmals nicht einfach zu erkennen, in welcher Verfassung ein Pferd ist. Tagesform und momentaner Eindruck können über die eigentliche Konstitution hinwegtäuschen.

Über den Einsatz eines Pferdes entscheiden letztendlich auch die Reife und das Alter. Dass alte Pferde nicht mehr die Leistung erbringen können wie jüngere Pferde, scheint logisch. Allerdings ist die Grenze, ab welchem Alter man mit einem Leistungsabfall rechnen muss, nicht festgelegt. Sie wird wiederum von vielerlei Faktoren beeinflusst. Ebenso fraglich ist es, wann ein junges Pferd ausgereift ist, um Höchstleistungen erbringen zu können. Man stützt sich hier gerne auf die einer Rasse nachgesagten Früh- oder Spätreife (s. S. 68 ff).

Die Frage nach der Leistungsfähigkeit eines Pferdes stellt sich nicht nur für das Sportpferd, sondern ebenso für das Freizeitpferd. Auch ein Pferd, das »nur« für Spazierritte eingesetzt werden soll, kann an die Grenzen seiner Leistungsfähigkeit stoßen, die der Reiter erkennen muss. Dabei muss das Pferd nicht offensichtlich krank oder verletzt sein. Die Belastungen der Freizeitpferde werden oftmals stark unterschätzt.

Das Pferd – ein Reittier?

Es hat wohl schon jeder Reiter einmal das eine oder andere Problem mit seinem Pferd durchgestanden, egal ob es sich um ein reiterliches

oder gesundheitliches Mühsal gehandelt hat. All diese Schwierigkeiten schränken die Leistungsfähigkeit des Pferdes ein, so versucht man, nicht nur die Probleme zu lösen, sondern deren Ursachen zu ergründen.

Die Gründe für das eine oder andere Leid können vielschichtig sein, trotzdem lassen sich zwei Faktoren als Hauptursachen herauskristallisieren. Die durch die Menschen gesteuerte Zucht hat nicht nur positive Auswirkungen auf eine Pferderasse. Fragwürdige Zuchtmethoden wie beispielsweise Inzucht führen allzu häufig zu Degenerationserscheinungen und Erbkrankheiten. Nicht nur erwünschte Merkmale, sondern auch unerwünschte Aspekte können sich durch extreme Zuchtmethoden im Erbgut fest verankern.

Der zweite Punkt spricht den Reiter direkt an: Das Pferd ist von Natur aus nicht dafür geschaffen, einen Reiter zu tragen.

Daran ändert auch die Selektion der stärksten Tiere über die Zucht nicht viel. Insbesondere Zuchtfehler oder einseitige Zuchtziele bringen »weiche« Pferde hervor, was sich schlecht verkraften lässt. Beispielsweise ist die Zucht von übermäßig großen Pferden sehr fragwür-

Nicht nur erwünschte, sondern auch negative Eigenschaften können sich durch Menschenhand gesteuerte Zuchtmethoden im Erbgut der Pferde verankern.

dig. In freier Natur erreicht ein Wildpferd höchstens eine Größe von 1,40 Metern Stockmaß. Der gesamte Organismus des Pferdes ist auf diese Größe ausgelegt. Die Großrahmigkeit des Warmblut- und auch Kaltblutpferdes, die Stockmaßgrößen von 1,80 Metern und mehr erreichen, sind von Natur aus nicht vorgesehen, aber vom Menschen bewusst gezüchtet. Große Pferde haben bessere Leistungsvoraussetzungen bei sportlichen Springwettbewerben, aber auch in der Dressur. Nicht zuletzt wünschen sich viele Freizeitreiter große Pferde allein aus Prestigegründen.

Großrahmige Warmblutpferde haben im Dressur- und Springsport bessere Leistungsvoraussetzungen. Für die Gesunderhaltung und Robustheit ist die Zucht auf Größe jedoch bedenklich.

Das Gesamtgewicht des Pferdes hat sich als Nebeneffekt ebenfalls erhöht. Hierdurch müssen Knochen, Bänder und Sehnen eine Mehrbelastung aushalten. Die gesamte Konstitution und Bewegungsmechanik des Pferdes ist aber nicht auf diese Größen ausgelegt. Somit kommt es zu häufigen Verletzungen und frühen Verschleißerscheinungen.

Selten erreichen große Warmblutpferde das Alter von 30 Jahren, während dies bei Ponyrassen ein durchaus realistisches Pferdealter ist. Die züchterische Selektion auf bestimmte Merkmale hin hat also

Geht die Zucht an der Gesundheit vorbei?
Zwar ist die Pferdezucht in der Regel darauf ausgelegt, die Leistungs-fähigkeit der Vierbeiner zu verbessern, allerdings decken sich Zucht-trends nicht immer mit diesem Ziel. Verlangt der Markt große Pferde, weil sie im Springsport höhere Hindernisse überwinden können, gehen die Züchter darauf ein, auch wenn dadurch langfristig die Gesundheit und Gesamtkonstitution des Pferdes leidet.

durchaus ihren Preis, der sich auf Lebensdauer, Konstitution und Ge-sundheit auswirkt.

Hinzu kommt, dass das Pferd für seinen Einsatz als Reit- und Zugtier nicht geschaffen ist. Allein die Gewichtsbelastung durch den Reiter ist unnatürlich. Sie setzt die Strukturen des Pferdes einer Belastung aus, die das Tier nicht so ohne Weiteres kompensieren kann. Trotz züchte-rischen Einflusses ist das Pferd kein Lastentier.

Unter natürlichen Bedingungen springt ein Pferd nur im äußersten Notfall. Es ist nicht dafür geschaffen, Hindernisse in Reihe zu sprin-gen, die zudem noch die Höhe des eigenen Stockmaßes erreichen oder

Das Pferd ist von Natur aus kein Reit- oder Zugtier. Die Zucht hat aber Ras-sen geschaffen, die diese Aufgaben recht gut erfüllen können, dennoch können nicht alle negativen Einflüsse kompen-siert werden.

sogar überschreiten. Da nützt es auch nichts, wenn die Züchter »springfreudige« Pferde heranziehen. Was die Psyche will, muss der Körper nicht unbedingt verkraften können. Bestätigt wird diese Ahnung von den vielen so genannten Berufskrankheiten der Spring- (Hufrollenentzündung, Kissing spines) und Dressurpferde (Spat).

Der Reiter muss sich immer im Klaren darüber sein, dass er allein mit der Rückenbelastung des Pferdes, die er auf das Tier ausübt, sobald er sich in den Sattel schwingt, eine von der Natur nicht vorgesehene Last darstellt, die das Pferd erst kompensieren muss. Ganz zu schweigen von den sportlichen Leistungen, die das Pferd mit Reiter im Sattel vollbringen soll.

Um das Pferd trotzdem gesund zu erhalten und sogar eine Leistungssteigerung herbeizuführen, ist in erster Linie eine entsprechende Rücksichtnahme und Befriedigung der natürlichen Bedürfnisse des Pferdes vorrangig. Der zweite Stützpfeiler ist ein ausgewogenes und gut strukturiertes Training sowohl in jeder Trainingsstunde als auch ein entsprechender Trainingsplan über einen längeren Zeitraum hinweg.

Der Reiter

Auch wenn das Pferd die Hauptlast für die sportlichen Leistungen sowohl im Freizeit- als auch im Leistungssport tragen muss, ist der Reiter kein unbedeutender Faktor, wenn es um die Belastung des Pferdes geht. Der Reiter beeinflusst die Leistungsfähigkeit des Pferdes sogar enorm. Eine unruhige Zügelhand stört das Pferd im Maul, behindert die Atmung des Pferdes und dessen Losgelassenheit im Allgemeinen. Ein schwacher Reiter behindert die Bewegungen des Pferdes über einen unausbalancierten Sitz. Steifheiten in der Hüfte des Reiters, fehlende Dynamik, ungleichmäßige Gewichtsbelastung und ein falscher Rhythmus schränken die Leistungsfähigkeit des Pferdes erheblich ein. Nicht nur dies: Ein schlechter Sitz des Reiters gefährdet gar die Gesundheit des Pferdes. Ein unausgewogener Sitz und falsche Einwirkung sind die Basis dafür, Pferde systematisch einer zu großen Last auszusetzen, was in der Folge zu verfrühtem Verschleiß, akuten und chronischen Lahmheiten oder Rückenproblemen führen kann.

In diesem Zusammenhang ist festzustellen, dass insbesondere bei Freizeitpferden häufiger Rückenprobleme auftreten als bei Spitzenathleten im Pferdesport. Daraus lässt sich schließen, dass nicht die abgeforderte Leistung das größte Problem (speziell für die Rückenbe- oder -überlastung) darstellt, sondern der Reiter im Sattel an sich. Pferde, die im Spitzensport eingesetzt werden, tragen in der Regel gut ausgebildete Reiter auf ihrem Rücken. Die Masse der Reiter mit ungenügender reiterlicher Ausbildung ist mit wesentlich höherem Prozentsatz im Lager der so genannten Freizeitreiter (= »Wald- und Wiesenreiter«) zu finden. Sportreiter müssen sich einer entsprechenden reiterlichen Ausbildung unterziehen, wenn sie auf Turnieren erfolgreich sein wollen. Jeder Pferdefreund jedoch kann sich ein Pferd kaufen und damit ins Gelände reiten, ohne auch nur das Minimum an reiterlichen Kenntnissen nachweisen zu müssen. Darunter leiden die meisten Pferde und das Schlimmste daran ist, dass die Pferdebesitzer dies nicht einmal bemerken. So gesehen kann ihnen nicht einmal ein Vorwurf gemacht werden, denn sie wissen es nicht besser.

Der Reiter kann die Leistungsfähigkeit seines Pferdes enorm beeinflussen.

Merke
Die enorme Kompensationsfähigkeit des Pferdes ist kein Freibrief für den Reiter, an reiterlicher Ausbildung zu sparen!

Erstaunlicherweise können viele Pferde die Fehlbelastungen über lange Zeit hinweg erfolgreich kompensieren, so dass sie mit dieser Bürde auch alt werden können. Trotzdem muss sich der verständige Pferdefreund fragen, ob eine derartige Behandlung und Ausbeutung des Pferdes nicht an die Grenzen des Tierschutzes stößt. Ganz abgesehen davon sollte dem Reiter allein die Tatsache, dass kein Pferd in einer solchen Situation glücklich sein kann, genügen, um an seinen reiter-lichen Fähigkeiten zu arbeiten, und somit das Leid der Pferde zu reduzieren und folglich die Gesundheit und Lebensfreude des Tieres zu fördern.

Wenn man Erfolge auf Turnieren erringen will, ist eine gute reiterliche Ausbildung Voraussetzung. Aber auch für den Freizeitreiter ohne Turnierambitionen ist eine fundierte Grundausbildung zwingend, um die Gesundheit des Pferdes nicht zu gefährden.

Das Exterieur

Das Gebäude des Pferdes zu beurteilen, kann jeder Reiter erlernen, wenn er seinen Blick dafür schult. Um ein Pferd richtig einschätzen zu können, ist das Wissen um das »ideale« Exterieur des Reitpferdes allerdings nur wenig hilfreich. Es gilt, häufige Vergleiche anzustellen, zunächst extreme Abweichungen zu erkennen, bis das Auge für Details geschult werden kann.

Die Zucht hat erkannt, dass bestimmte Reitpferdepoints nicht nur die Leistung in bestimmten sportlichen Disziplinen fördern, sondern auch zur Gesunderhaltung beitragen, weil die Belastungen durch den Reiter besser abgefangen werden können. Hierzu ist in erster Linie ein starker, tragfähiger Rücken zu nennen, aber auch harte Beine, die den sportlichen Belastungen auf Dauer standhalten.

Für jede Pferderasse hat man ein bestimmtes Zuchtziel erstellt, wobei sich die Reitpferdepoints bei allen Reitpferderassen recht ähneln. Sie weichen aber in denjenigen Punkten ab, die eine Rasse für bestimmte Disziplinen oder eine spezielle Reitweise prädestinieren. Es handelt sich dann um so genannte Rassestandards, die der jeweilige Zuchtverband fördert. Die Pferde einer Rasse sollen sich vom Typ und Aussehen her ähneln, so dass sie augenscheinlich schon der jeweiligen Rasse zugeordnet werden können. Etwas uneinheitlich verläuft beispielsweise noch die Zucht der New Forest Ponys, die stark in Größe, Aussehen und auch Temperament variieren, so dass die Rasse bei vielen New Forests nicht unbedingt auf Anhieb definiert werden kann. Die meisten Pferderassen sind jedoch mittlerweile gut durchgezüchtet, so dass die Rasse bereits vom Augenschein her erkennbar ist.

Abgesehen von disziplin- oder reitweisenbezogenen Abwandlungen wünscht man sich beim Reitpferd in etwa dieselben Eigenschaften. Gesunde Beine sind das Kapital eines jeden Sport- und Freizeitpferdes. Die Beine sollten möglichst frei von Fehlstellungen sein, da Unregelmäßigkeiten eine Mehrbelastung für die Gelenke bedeuten. Auch die Bewegungsmechanik wird durch Fehlstellungen negativ beeinflusst. Das Pferd trägt von Natur aus mehr Gewicht auf der Vorhand, da die Vordergliedmaßen eine stützende Funktion übernehmen, während die Hinterhand für den Antrieb sorgt. Die Hinterbeine sind hierfür auch stärker bemuskelt. Wenn das Pferd einen Reiter tragen muss, kommt prozentual noch mehr Gewicht auf die Vorhand, weil der Reiter näher zur Vorhand auf dem Pferd sitzt. Diese Dysbalance gilt es durch eine gymnastizierende Ausbildung in Verbindung mit einem entsprechenden Muskelaufbau auszugleichen.

Ein gutes Reitpferd hat kräftige Gelenke und »trockene« Beine, wobei die Sehnen deutlich hervortreten. Schwellungen, Verdickungen und Gallen können Anzeichen von primären Verletzungen oder auch Überforderung sein. Man spricht bei Tieren, die zu solchen Überlastungsreaktionen neigen, von »weichen Pferden«, die weniger aushalten und früher mit Verschleißerscheinungen zu kämpfen haben.

Das Röhrbein sollte kurz und kräftig sein. Weil das Pferd unterhalb des Karpalgelenks keine Muskulatur, sondern nur noch Sehnen hat, ist dieser Bereich weniger stark durchblutet. Damit die Blut- und Nährstoffversorgung dieser distalen Abschnitte aber sichergestellt ist, sind kur-

Ein gutes Reitpferd zeichnet sich durch so genannte trockene Beine, deutlich abgegrenzte Sehnen und kräftige Gelenke aus.

ze Röhrbeine besser. Kurze Röhren sind außerdem stabiler und erhöhen somit die Belastbarkeit des Pferdes. Ein Pferd mit kurzen
Röhren und langen Unterarmen zeigt eher flache Gänge, während
Pferde mit langen Röhren und eher kurzen Unterarmen, also einem
hoch gelegenem Karpalgelenk, mehr Aktion haben.

Die Fesselwinkelung sollte in etwa 45 Grad zum Boden betragen,
wobei es hier oft deutliche Abweichungen gibt. Jede extreme Ab-
normität ist gesundheitsschädlich beziehungsweise eine Schwachstel-
le des Pferdes. Zu lange und flache Fesseln belasten die Sehnen vermehrt, so dass Sehnenschäden frühzeitig auftreten können, beziehungsweise die Verletzungsgefahr der Sehnen generell größer ist.
Kurze und steile Fesselstellungen schonen zwar die Sehnen, schütteln
aber nicht nur den Reiter im Sattel kräftig durch (kurze, steile Fesseln
erzeugen meist harte Gänge), sondern auch die Gelenke. Somit ergibt
sich die Gefahr des frühen Gelenkverschleißes.

Die Fesselwinkelung der Vorhand sollte mit der Schulterwinkelung
übereinstimmen (ideal: 45 Grad). Fällt man das Lot vom Schulterge-
lenk, soll die Linie auf die Hufspitze treffen. Dann steht das Pferd gerade. Abweichungen davon sind meist die Ursache von Fehlstellungen.

Der Dressurreiter erhält eine ständige Anlehnung, die sich als weiche Verbin-dung der Reiterhand zum Pferdemaul definiert.

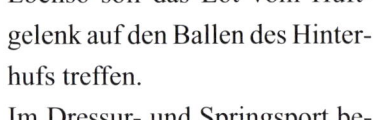

Ebenso soll das Lot vom Hüftgelenk auf den Ballen des Hinterhufs treffen.

Im Dressur- und Springsport bevorzugt man Pferde mit einem eher langen Rücken (Rechteckpferd), während die Tendenz im Westernreitsport zum Quadratpferd geht. Der Grund liegt an der Reitweise sowie an den geforderten Aufgaben und Lektionen.

Die Rückenform bestimmt die Reiteigenschaften des Pferdes mit.

Der Kopf des Pferdes ist stark vom Rassetyp geprägt.

Weil Spring- und Dressurpferde einen relativ langen Rücken haben, müssen diese aber auch in ständiger Anlehnung geritten werden. Das Quadratpferd hingegen trägt von Natur aus mehr Gewicht auf der Hinterhand, so dass eine ständige Anlehnung nicht zwingend notwendig ist, um Versammlung zu erreichen.

Ein kurzer Rücken hat aber auch Nachteile. Das Quadratpferd kann sich schlechter biegen. Diese Pferde sind häufig sehr steif im Rücken

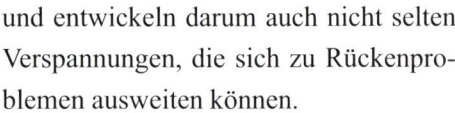

und entwickeln darum auch nicht selten Verspannungen, die sich zu Rückenproblemen ausweiten können.

Für alle Reitweisen ist ein weit in den Rücken hineinreichender Widerrist wünschenswert. Fällt der Widerrist zu schnell ab, gibt es häufig Probleme mit der Sattelpassform. Viel bedeutender ist jedoch, dass die Dornfortsätze der Wirbel bei schnell abfallendem Widerrist flacher und enger liegen. Somit besteht die Gefahr, dass sie sich berühren. Diesen entzündlichen Prozess nennt man »Kissing spines«.

Die Rückenform ist ebenfalls wichtig für die Reiteigenschaften und letztendlich für die Leistungsfähigkeit des Pferdes. Ein schwacher Rücken kennzeichnet sich durch eine Lordose (Senkrücken). Die Form kann angeboren, aber auch erworben sein. Bei falschem Training, zu großer Gewichtsbelastung und zu frühem Einsatz kann sich ein Senkrücken ergeben. Als ebenfalls nicht tragfähig stellt sich der Karpfenrücken (Kyphose) heraus.

Der Rücken soll kräftig, aber flexibel sein, um den Schub aus der Hinterhand nach vorne durchzulassen. Dies ist nur möglich, wenn sich der Rücken (trotz Reitergewicht) aufwölben kann. Nur wenn das Pferd »über den Rücken« geht, können gesundheitliche Schäden eingeschränkt werden, die ansonsten entstehen, weil die Bänder-, Knochen- und Muskelstrukturen überlastet werden.

Der Kopf des Pferdes wird sehr stark vom Rassetyp geprägt. Er sollte nicht zu schwer sein, weil das Pferd sonst dazu tendiert, vorhandlastig zu laufen. Große und wache Augen verraten Interesse und Neugierde. Die Maulspalte sollte nicht zu kurz sein, die Nüstern dürfen ausgeprägt ausfallen, da sie dem Pferd mehr Luftaufnahme genehmigen als kleine Nasenlöcher.

Die Nasenlinie ist für die Leistungsfähigkeit eines Pferdes in der Regel nicht entscheidend, nur ein zu extremer Araberknick (konkave Nasenlinie) kann die Atmung des Pferdes unter Umständen behindern. Ansonsten ist die Form der Nasenlinie rassebedingt und reine Geschmackssache. Die Tendenz geht zu einer geraden Nasenlinie, da Ramsköpfe oft ein sehr hohes Gewicht haben und unedel aussehen, was dem Geschmack des modernen Reiters meist nicht entspricht.

Wichtig für den Reiter ist die Halsform des Pferdes, die sehr auf die Reiteigenschaften Einfluss nimmt. Zunächst sollte die Anbindung des Halses am Kopf mit einer genügenden Ganaschenfreiheit ausgestattet sein. Zwischen erstem Halswirbel und dem Unterkieferknochen sollten etwa zwei bis drei Finger (je nach Pferderasse und Größe) Platz haben. Ist der Abstand zu gering, hat das Pferd nicht die Möglichkeit, ausreichend nachgiebig auf das Gebiss zu reagieren.

Wenn die Ganaschenfreiheit ungenügend ist, wird auch die Ohrspeicheldrüse unangenehm gequetscht, wenn das Pferd beigezäumt wird. Oft sieht man dabei hinter dem Unterkieferknochen einen deutlichen Wulst. Hier wurde die Ohrspeicheldrüse mangels Freiraum herausgedrückt.

Voraussetzung für die Beizäumung
Zwei bis drei Finger breit sollte der Abstand des Unterkieferrandes zum ersten Halswirbel sein. Dann hat das Pferd genügend Ganaschenfreiheit, damit es dem Zügeldruck ohne Schwierigkeiten nachgeben kann.

Die Ohrspeicheldrüse des Pferdes kann bei knapper Ganaschenfreiheit gequetscht werden, wenn das Pferd beigezäumt wird.

Die Oberlinie des Halses sollte in etwa eineinhalb bis zwei Mal länger sein als die Unterlinie. Manche Trainer behaupten, dass ein Pferd umso rittiger ist, je länger der Hals ist. Man muss jedoch bedenken, dass eine sehr lange Oberlinie die Stützfunktion des Halses vernachlässigt.

Natürlich bringen auch hier Übertreibungen in die eine oder andere Richtung immer Nachteile mit sich. Ist die Oberlinie sehr kurz, wird das Nacken-Rückenband des Pferdes ständig überdehnt, wenn das Pferd dem Gebiss in der Vertikalen nachgibt. Um das Nacken-Rückenband zu entspannen, nehmen diese Pferde deshalb immer wieder den Kopf nach oben. Fest steht, dass es das fehlerlose Pferd nie geben wird. Jedes Pferd hat mehr oder weniger ausgeprägte Mängel, die es je nach Art und Weise entweder gut kompensieren oder aber darunter auch leiden kann. Das hängt vom Ausmaß des Mangels ab, aber auch davon, wie der Reiter damit umgeht.

Viele Pferde können sogar schwerwiegende Mängel ausgleichen und damit ein Leben lang gut zurechtkommen, doch darf man als Reiter nachteilige Exterieurmängel nicht einfach unbeachtet lassen. Man darf beispielsweise bestimmte Lektionen nicht fordern, wenn das Pferd exterieurbedingt nicht in der Lage ist, diese Übungen auszuführen. Ansonsten würde man das Pferd überfordern. Darum ist die richtige Einschätzung des Exterieurs für die Leistungsfähigkeit des Pferdes wichtig.

Typ und Charakter

Die Zucht hat im Großen und Ganzen sehr willige und leistungsbereite Pferde hervorgebracht. Vergleicht man die Leistungsbereitschaft von modernen Sportpferden mit Wildpferdetypen, urpferde-

Das Przewalskipferd ist der letzte Vertreter der Urwildpferderassen und ist weniger kooperationsbereit als die heutigen Hauspferderassen.

ähnlichen Hauspferden oder Wildequiden, kann man deutliche Unterschiede feststellen. Zebras, Wildesel und das heute noch erhaltene Urwildpferd, das als Przewalskipferd in freier Wildbahn wieder angesiedelt wurde, bestechen allesamt durch eine gehörige Portion Sturheit. Die Akzeptanz, die diese Equiden dem Menschen entgegenbringen, ist recht bescheiden und somit auch der Wille, sich in den Dienst des Menschen zu stellen. So lassen sich beispielsweise Zebras nur schwer einreiten. Obwohl dies in einigen Fällen gelungen ist, hat sich das Zebra nicht nur der geringen Tragfähigkeit seines Rückens wegen, sondern insbesondere aufgrund seines Charakters als Reittier nicht bewährt. Natürlich kann man diese unzähmbare Wildheit auch hie und da noch bei so manchem »zivilisierten« Hauspferd beobachten, vor allem bei den dem Urtyp ähnelnden Ponyrassen. Ponys sind allgemein dafür bekannt, dass sie ihren eigenen Kopf haben. Dafur haben sie aber auch noch die Robustheit ihrer wilden Ahnen im Blut.

Der Charakter und Typ des Pferdes sind erbliche Veranlagungen, die sich nur bedingt formen lassen. Zwar kann man ein temperamentvolles Pferd mit schwachen Nerven durch ein geduldiges Training, aber auch durch eine entsprechende Haltung und Fütterung deutlich ruhiger und gelassener machen, dennoch bleibt die Veranlagung zur Überreaktion bei bestimmten Situationen bestehen. Bei der Zucht von Pferden legt man zum einen auf umgängliche Pferde Wert, die gute Nerven mitbringen, andererseits aber willig und fleißig arbeiten. Insbesondere wünscht sich der Sportreiter Pferde mit einem gewissen Pep, um beispielsweise einen Springparcours schneller zu absolvieren.

Ein interessantes und abwechslungsreiches Training regt die Leistungsbereitschaft des Pferdes an.

Das Temperament ist meist äquivalent mit dem Leistungswillen eines Pferdes, der über Sieg und Niederlage entscheiden kann. Die Leistung ist direkt vom Willen des Pferdes abhängig. Wenn ein Pferd zu einer bestimmten Leistung gezwungen werden muss, wird es nie das Niveau erreichen, das es aufgrund seiner körperlichen Voraussetzungen zustande bringen könnte. Damit dürfte klar sein, dass das beste Exterieur nichts nützt, wenn das Interieur nicht mitmacht. Über die inneren Werte kann ein Pferd sogar so manchen Exterieurmangel sehr gut ausgleichen. Deshalb ist die Beurteilung von Charakter und Typ eines Pferdes wichtiger als die des Exterieurs. Wenn ein Pferd mit einer ungenügenden Ganaschenfreiheit, aber einem leistungsbereiten Interieur aufgefordert wird, im Genick nachzugeben, wird es sein Möglichstes tun, um dem Willen seines Reiters nachzukommen. Das Pferd wird nachgeben, auch wenn es ihm schwer fällt.

Ein Pferd mit einer ausgeprägten Ganaschenfreiheit und einem »Sturkopf« könnte zwar aufgrund seiner körperlichen Konstitution problemlos nachgeben, wird es aber nicht unbedingt tun, wenn es nicht will. Somit hat der Reiter des ersten Pferdes letztendlich weniger Probleme als der Reiter des zweiten Pferdes. Wie schon erwähnt, sind die Veranlagungen von Typ und Charakter erblich bedingt, dennoch kann man trainingstechnisch Veränderungen – im positiven wie negativem Sinne – erreichen. Die Grundstruktur lässt sich allerdings nicht verändern, man kann aber Tendenzen schaffen. Gute Pferdeleute können die verborgenen positiven Eigenschaften eines Pferdes herausarbeiten und die unerwünschten, negativen Aspekte unterdrücken. So kann er durch ein spezielles, abwechslungsreiches und interessantes Training den Leistungswillen des Pferdes anregen.

Andererseits kann man durch Unwissenheit, falschen Ehrgeiz oder übertriebenes Training den Leistungswillen eines Pferdes auch in den Hintergrund drängen oder gar auslöschen. Das beste Beispiel hierfür sind turniersaure Pferde. Sie wurden zu häufig in Turnierprüfungen zu Höchstleistungen aufgefordert, wodurch ein übermäßiger psychischer Druck aufgebaut wurde, dem das Pferd nicht mehr standhalten konnte.

Gerade wenn ein Pferd sehr willig und leistungsbereit ist, gerät der Reiter und Trainer allzu schnell in Versuchung, dieses Angebot voll

Erholung auf der Weide benötigen nicht nur »turniersauere« Pferde, sondern ist für jedes Pferd wichtig, um die Psyche frisch zu halten.

auszuschöpfen. Das (leistungswillige) Pferd setzt sich dabei auch selbst einem zu großen Druck aus, dem es irgendwann nicht mehr standhalten kann. Das Pferd blockiert daraufhin psychisch und schließlich körperlich. Der Leistungswille ist gebrochen, das Pferd leidet unter einem »Burn-out-Syndrom«.

Selbst längere Weidepausen können diese psychische Schädigung nicht immer beheben. Manche Pferde können sich nochmal erholen, so dass sie in gemäßigtem Turniereinsatz wieder laufen, aber viele Pferde sind nur noch als Geländepferde tauglich.

Der Charakter und das Temperament des Pferdes sind also entscheidende Faktoren für die Beurteilung der Leistungsfähigkeit des Pferdes. Obwohl die Zucht zwar in aller Regel sehr willige und leistungsbereite Pferde hervorgebracht hat, darf man diese positive Eigenschaft nicht missbrauchen. Leistungswillige und ehrgeizige Pferde sind oft »dumm« genug, ohne Widerstand über ihre Leistungsgrenzen hinauszugehen, wenn sie dazu aufgefordert werden, wodurch unter Umständen Psyche und Körper auf Dauer Schäden davontragen können. Es obliegt also dem Reiter und Trainer, das richtige Maß des Trainings und Einsatzes des Pferdes zu finden, um eine optimale Leistungsfähigkeit zu erreichen, ohne das Tier dabei zu überfordern.

Sensibilität

Die Sensibilität eines Pferdes steht unmittelbar mit dessen Typ, aber auch mit dessen Trainingszustand in Verbindung. Für die Leistungsfähigkeit eines Pferdes ist sie sehr wichtig.

Ein sensibel reagierendes Pferd kann die Signale seines Reiters schneller umsetzen, was in manchen Pferdesportdisziplinen über Erfolg und Misserfolg entscheiden kann. Denkt man nur an Disziplinen wie das Springreiten, sind blitzartige Reaktionen notwendig, um im Parcours zu bestehen.

Was nützt es aber, wenn der Reiter schnell reagiert, das Pferd aber zu träge ist, um die Hilfen unmittelbar umzusetzen? Nur ein feinfühliges Pferd wird die Signale des Reiters willig aufnehmen und sofort in die erforderliche Reaktion umsetzen.

Der Leistungswille muss hierzu gegeben sein. Die Sensibilität eines Pferdes steht darum eng mit dem Ehrgeiz und Leistungswillen des Reittiers in Verbindung. Wie der Typ und Charakter eines Pferdes erblich bedingt sind, ist auch die Sensibilität in den Genen verankert. Allerdings kann sie dennoch verbessert werden, wenn der Reiter es versteht, das Pferd zu motivieren und es im Training körperlich und geistig entsprechend zu formen.

Ein sensibles Pferd ist in der Regel weichmäulig, reagiert also auch auf den Gebissdruck empfindlich. Es ist relativ einfach, ein Pferd allen Hilfen gegenüber abzustumpfen, so auch im Maul. Hierzu genügt es, bestimmte Einwirkungen ständig zu wiederholen, bis ein Gewöhnungseffekt eingetreten ist. Dazu gehören laufendes Klopfen mit den Sporen und ständiges Ziehen am Zügel. Abstumpfend wirken auch Hilfen, die uneffektiv eingesetzt werden, also beispielsweise eine Schenkelhilfe, die ihre Wirkung verfehlt. Somit können auch sanfte Hilfen abstumpfen! Sieht das Pferd keine Veranlassung, auf eine Hilfe zu reagieren, stumpft es dagegen ab, wenn der Reiter keine Korrektur vornimmt.

Die Sensibilität und Feinfühligkeit eines Pferdes ist genetisch veranlagt, kann aber über das Training teilweise beeinflusst werden.

Deshalb gilt der Grundsatz: Eine Hilfe muss so stark sein, dass eine Reaktion des Pferdes erfolgt, aber nicht härter als notwendig. Hilfen müssen also so sanft wie möglich, aber so hart wie nötig erfolgen. Schwieriger ist es, ein Pferd auf Hilfen zu sensibilisieren. Man muss sich nicht mit einer »genetisch verankerten Hartmäuligkeit« abfinden, denn auch von Natur aus derbe und unsensible Pferde können lernen, auf die Hilfen des Reiters feinfühlig zu reagieren. Möglicherweise sind anfangs etwas deutlichere Hilfen notwendig, bis das Pferd die gewünschte Reaktion zeigt. Doch wenn der Reiter in der Lage ist, die Einwirkung sofort zu reduzieren, wenn das Pferd Ansätze einer willigen Mitarbeit zeigt, kann er die Sensibilität fördern.

Jedes Pferd wird auf Hilfen des Reiters sensibel, wenn die Hilfen nicht länger und nicht härter als notwendig eingesetzt werden. Jede Einwirkung, die zu lange dauert, am falschen Ort und zur falschen Zeit eingesetzt wird, sowie zu deutlich zum Ausdruck kommt, wird das Pferd abstumpfen, aber nicht sensibilisieren.

Soll das Pferd beispielsweise mit der Vorhand nach links übertreten, gibt der Reiter mit dem rechten Schenkel auf Gurthöhe einen Druck. Sobald der Vierbeiner seinen Huf vom Boden abhebt, um der Aufforderung Folge zu leisten, sollte der Reiter seinen Schenkeldruck wieder lösen. Das Pferd wird die Aufgabe zu Ende führen, das heißt, das Bein nach links seitlich versetzt auf den Boden setzen, auch wenn der Reiter den Schenkeldruck bereits gelöst hat. Kein Pferd wird mit abgehobenem Bein in der Bewegung verharren!

Der Schenkeldruck ist nur wirksam, wenn das Pferd mit dem entsprechenden Bein abgefußt hat.

Ein längerer Schenkeldruck ist also nicht notwendig und wirkt demnach nur abstumpfend. Die meisten Reiter wirken mit ihren Hilfen viel zu lange ein und vergessen das Nachgeben. Dabei ist es egal, ob es sich um einen Schenkeldruck, eine Zügeleinwirkung oder um ein stimmliches Kommando handelt. Ein Reiter, der sich an seine Hilfen klammert (beziehungsweise mit seinen Schenkeln ans Pferd klammert), hat kein Vertrauen zu seinem Pferd (dass es gehorcht). Nur ein Pferd, dem man die Chance zum Gehorsam (oder auch Ungehorsam) gibt, kann zu einer selbstständigen und freudigen Mitarbeit motiviert werden. Ein Pferd hingegen, das unter Zwang arbeitet, wird nie das Leistungsvermögen erreichen, welches ein motiviertes und freiwillig arbeitendes Pferd hat.

Pferde, denen man die freie Entscheidung lässt, kann man schließlich für die richtige Entscheidung (Folgsamkeit) loben, was wiederum motivierend wirkt. Natürlich kann ein Pferd sich aber auch mal gegen den Gehorsam entscheiden. Dies wird es sicherlich des Öfteren in der Lernphase tun, doch dann kann der Reiter die Gelegenheit nutzen, die (falsche) Reaktion des Pferdes zu korrigieren.

Dies hat einen guten Lerneffekt. Eine Strafe hingegen darf nur dann angebracht werden, wenn das Pferd vorsätzlich gegen den Reiter arbeitet, aber nicht, wenn ihm ein Fehler aus Unwissenheit oder Unerfahrenheit unterlaufen ist.

Das Pferd lernt nach dem Motto, dass der Reiter ihm den richtigen Weg einfach (Lob) macht, während die unerwünschte Reaktion mit einer Korrektur begegnet wird, was für das Pferd den weniger angenehmen Weg darstellt. Beim nächsten Versuch wird sich das Pferd deshalb für den richtigen, weil angenehmen Weg entscheiden. So fühlt das Pferd, die Entscheidung selbst getroffen zu haben (was motivierend wirkt), ohne dass es ihm bewusst wird, dass diese Entscheidung vom Reiter gelenkt worden ist. Das versteht man unter einer Ausbildung des Pferdes. Somit kann man auch die Sensibilität ausbilden, das Pferd motivieren und die Leistungsfähigkeit dadurch steigern.

Haltung und Fütterung

Dass nur gesunde Pferde leistungsfähig sind, leuchtet jedem Pferdebesitzer ein. Allerdings ist sich nicht jeder Pferdehalter sicher, ob sein Pferd wirklich gesund ist und wann der körperliche und geistige Zustand des Pferdes in Krankheit übergeht. Die Grenzen zu ziehen ist nicht einfach und schon gar nicht, die Symptome einer Krankheit vollständig und rechtzeitig zu erkennen. Die Auswirkungen auf den Organismus und die Leistungsfähigkeit des Pferdes zu beurteilen, sind noch schwieriger.

Deshalb muss man sich zunächst die Frage stellen, wann ein Pferd als gesund zu beurteilen ist und welche Faktoren hierfür eine Rolle spielen. Alle Einflüsse bestimmen den Gesundheitszustand des Pferdes mit. Das fängt bei der genetischen Disposition an, geht über die Haltungsbedingungen, die Fütterungsweise bis hin zur Trainingstechnik. Es liegt nicht immer in der Hand des Pferdebesitzers, sein Pferd gesund zu erhalten, weil man nicht alle Faktoren im Griff haben kann. Dennoch kann man das Risiko von gesundheitlichen Beeinträchtigungen erheblich mindern, wenn man eine fundierte Gesundheitsvorsorge betreibt. Hierzu gehört zunächst einmal eine artgerechte Haltung, bei der insbesondere die natürlichen Bedürfnisse eines Pferdes berücksichtigt werden. Es gilt zu überprüfen, ob die fundamentalen Voraussetzungen einer naturgemäßen Pferdehaltung erfüllt sind: Als Herdentier fühlt sich das Pferd nur unter Artgenossen wohl. Die Herde gibt dem Tier Sicherheit und erfüllt das Bedürfnis nach sozialen Kontakten. Es genügt dabei allerdings nicht, wenn das Pferd nur Hör- und Sichtkontakt zu seinen Artgenossen hat.

Die Vierbeiner müssen in der Lage sein, sich gegenseitig das Fell zu kraulen oder auch mal Rangkämpfe auszutragen. Hierfür scheiden Boxenstallungen als Haltungsform aus, sofern die Pferde nicht mindestens tagsüber zusammen auf die Weide gehen oder sich in einem genügend großen Auslauf aufhalten können. Als bevorzugtes Stallhaltungssystem hat sich der Offenstall bewährt, wenn er bestimmte Voraussetzungen erfüllt. Diese Haltungsform gewährt den Pferden

Als Herdentier fühlt sich das Pferd unter Artgenossen wohl und sicher.

auch die Befriedigung ihrer weiteren natürlichen Bedürfnisse. Ein gut durchstrukturierter Offenstall animiert die Pferde, sich in Bewegung zu halten. Als Lauftier ist viel Bewegung für die Gesunderhaltung besonders wichtig. Sie gewährleistet die Durchblutung insbesondere der unteren Beinabschnitte und Hufe. Weil das Pferd unterhalb des Karpal- beziehungsweise Sprunggelenks keine Muskulatur hat, kann die Durchblutung nicht mehr über die Muskelkontraktion gefördert werden. Vielmehr arbeiten hier die schwächer durchbluteten Sehnen und der Hufmechanismus, der nur über die Fortbewegung des Pferdes funktioniert.

Nur wenn die Durchblutung optimal erfolgt, können Nährstoffe transportiert, aber auch Schlacke- und Giftstoffe abgeführt werden. Nicht zuletzt wird durch viel Bewegung die Lungenarbeit in Schwung gehalten sowie Muskulatur, Bänder, Sehnen und Knochen trainiert und somit widerstandsfähiger gemacht.

Dem nicht genug: Ein geeigneter Pferdestall muss den Tieren genügend Luft und Licht bieten. Dies wird hauptsächlich in Offenstallungen erreicht, während Boxenstallungen häufig zu wenig Lichteinfall und eine ungenügende Belüftung aufweisen.

Sogar die beliebten Außenboxen, bei denen die obere Türhälfte ständig offen steht und das Pferd seinen Kopf in die frische Luft stecken kann, können im Inneren stickige Luft enthalten. Teiloffene Stallbereiche sind außerdem prädestiniert für Zugluft, die den Pferden wiederum nicht bekommt.

Insbesondere bei neu gebauten Stallungen achtet man auf große, helle und luftige Boxen, was den Pferden sehr zu Gute kommt. Allerdings bleibt eine Box dennoch ein »Gefängnis«, in dem sich das Tier lediglich umdrehen, aber nicht laufen kann und wie schon erwähnt, der Sozialkontakt fehlt. Deshalb sind bei der Aufstallung von Pferden so genannte Laufställe zu bevorzugen, in denen mehrere Pferde untergebracht werden können und somit der Sozialkontakt und das Bewegungsbedürfnis gewährleistet sind.

Die Gegenargumente, dass Pferde in Gruppenhaltungen einer größeren Verletzungsgefahr ausgesetzt sind, sind nur dann zutreffend, wenn die Pferde die Auslaufhaltung und den Kontakt zu Artgenossen nicht gewohnt sind oder das Auslaufareal nicht artgerecht gestaltet ist.

Ein offener Stall allein genügt nicht Offenställe bieten zwar meist reichlich Platz, den die Pferde aber nicht nutzen, wenn sie nicht zu mehr Bewegung angeregt werden. Eine gut durchdachte Stallkonzeption ist deshalb wichtig.

Die Gruppenhaltung ermöglicht den Pferden ein artgerechtes Leben.

Pferde, die Zeit ihres Lebens in Boxen gehalten wurden und lediglich den Hallenboden, bestenfalls noch gut präparierte Wege im Gelände betreten haben, können sich auf einer Hangweide oder einem naturbelassenen, unebenen Auslauf durchaus Verletzungen zuziehen, weil ihnen das Geläuf nicht vertraut und die Sehnen und Bänder nicht darauf trainiert sind. Hinzu kommt die Ungeschicklichkeit der Pferde, die es nie gelernt haben, auf derartigem Boden die Balance zu finden.

Die Verletzungsgefahr durch Tritte und Bisse von Artgenossen ist ein weiteres Gegenargument der Gruppenhaltung. Die Verletzungswahrscheinlichkeit ist sehr gering, wenn das Ausweichareal für rangniedrige Pferde ausreichend groß ist und die Gruppen passend zusammengestellt werden. Man sollte Kleingruppen von zwei bis sechs Pferden als ideale Anzahl zusammenstellen. In größeren Pferdeherden bilden sich Kleingruppen heraus, dennoch ist die Konfliktwahrscheinlichkeit zwischen Pferden aus diesen Gruppen vorhanden.

Insbesondere für Leistungspferde ist eine seelische Ausgeglichenheit wichtig. Angst und Nervosität, die aufgrund von schwachen Nerven oder ungenügender Gewöhnung an Außenreize hervorgerufen werden, wirken sich nachteilig auf die Leistungsfähigkeit aus. So kann es beim Turnierpferd dazu kommen, dass es im Parcours ein Hindernis verweigert oder in der Dressuraufgabe unaufmerksam ist, weil es sich von jedem fremden Geräusch ablenken lässt. Doch auch das Freizeitpferd kann einen Geländeritt erst genießen, wenn es ruhig und gelassen seines Weges gehen kann.

Wenn das Pferd an Außenreize nicht gewöhnt ist, steht es häufig unter Stress. Dieser setzt wiederum die Leistung des Immunsystems herab, was die Anfälligkeit für Krankheiten erhöht. Auch aus diesen Gründen ist es sinnvoll, eine robuste Auslaufhaltung insbesondere für das Leistungspferd zu praktizieren. Nicht zuletzt ist ein im Offenstall gehaltenes Pferd gegenüber Witterungseinflüssen abgehärteter als ein Warmstall-Pferd. Erkältungskrankheiten kennen Offenstallpferde so gut wie gar nicht, wenn die Offenstallform nicht zu viele ungünstige Faktoren (zum Beispiel Zugluft) beinhaltet.

Zur Gesundheitsvorsorge und der naturgemäßen Haltung gehört auch eine pferdegerechte Fütterung. Zunächst gilt es zu berücksichtigen, dass ein Pferd ein Dauerfresser ist, der in freier Natur bis zu 16 Stunden am Tag mit der Nahrungsaufnahme beschäftigt ist. Das Verdauungssystem ist auf eine ständige Futterzufuhr eingestellt. Das Pferd verträgt es somit schlecht, wenn es nur zweimal täglich gefüttert wird. Bei einer zweimaligen Fütterung müssen die jeweiligen Portionen sehr groß ausfallen, damit die Nährstoffmenge, die das Pferd benötigt, zugeführt werden kann. Auf diese Weise kann es zur Überladung des Magens kommen, der nur etwa 12 bis 15 Liter aufnehmen kann. Verschlimmert wird die Situation, wenn – wie bei Hochleistungspferden – die Kraftfuttermenge recht groß ausfällt. Mehrere Liter Kraftfutter belasten das Verdauungssystem enorm. Zwar benötigt ein Freizeitpferd kaum größere Mengen an Körnerfutter, aber Turnier- oder Rennpferde, die Spitzenleistungen erbringen müssen, sind auf umfangreichere Portionen angewiesen. Dieses Problem kann nur gelöst werden, wenn die Futtermenge auf mehrere Mahlzeiten am Tag aufgeteilt wird.

Die Verletzungsgefahr durch Bisse und Tritte von anderen Pferden wird häufig von Sportreitern als Gegenargument der Gruppenhaltung angeführt.

Eine vier- bis fünfmalige Fütterung wäre optimal. Aus technischen Gründen ist diese häufige Fütterung in vielen Fällen nicht möglich. Darum wird nach Alternativen gesucht: Eine Möglichkeit ist der Einsatz von Futterautomaten, die sowohl Raufutter als auch das Krippenfutter in kleinen Portionen mehrmals am Tag zur Verfügung stellen. Noch sind die meisten Fütterungssysteme nicht ausgereift genug, um die Bedürfnisse aller Beteiligten zufrieden zu stellen. So sind computergesteuerte Fütterungssysteme auf dem Markt, die nicht nur aus Kostengründen für so manchen Pferdebetrieb nicht in Frage kommen. Einfachere Lösungen gewährleisten nicht die Zuteilung der zugedachten Futtermenge für das einzelne Pferd, wenn es sich um eine Gruppenhaltung handelt. Somit muss jeder Pferdebesitzer die beste Lösung für seine persönliche Situation finden.

Man unterscheidet bei der Fütterung zwischen dem Erhaltungs- und Leistungsbedarf. Auch wenn das Pferd keine sportliche Leistung erbringt, sondern sein Leben nur auf der Koppel verbringt, benötigt es

Der Reiter kann einen Geländeritt erst dann richtig genießen, wenn sein Pferd ruhig und gelassen ist.

eine gewisse Energiemenge, um die Lebensfunktionen aufrecht zu erhalten. Man bezeichnet diesen Energieanteil als Erhaltungsbedarf. Die meisten Pferde brauchen für den Erhaltungsbedarf kein zusätzliches Kraftfutter, bestenfalls ein Mineralfutter, weil die meisten Wiesen und das daraus gewonnene Heu einen zu geringen Mineralstoff- und Spurenelementpegel aufweisen.

Muss das Pferd jedoch eine sportliche Leistung erbringen, benötigt es eine zusätzliche Menge an Kalorien, die es über die Zugabe von Kraftfuttersorten erhalten sollte. Ein gut verdauliches Energiefutter ist beispielsweise der alt bewährte Hafer. Heutzutage füttert man auch Gerste und Mais – je nach Pferderasse, Typ, Temperament, Haltungsform und Leistungsanforderungen.

Mehrere kleine Portionen am Tag kommen dem Verdauungssystem des Pferdes besser entgegen als wenige große Futtermengen.

Bei der Fütterungstechnik sollte man auf ein ausgewogenes Calcium-Phosphor-Verhältnis (1,5 : 1 bis 2 : 1) achten, um insbesondere Gelenk- und Knochenproblemen vorzubeugen.

Auch die Eiweißzufuhr sollte kontrolliert werden. Zu hohe Proteingehalte im Futter belasten den Organismus und beeinträchtigen die Leistungsfähigkeit. Bei Leistungspferden kann man über den Zusatz von hochwertigen Ölen nachdenken, die die Energie hochhalten und den Eiweißgehalt prozentual herunterfahren.

Der Bedarf an Mineralien, Vitaminen und Spurenelementen sollte über eine Rationsberechnung ermittelt werden. Sowohl eine Unterversorgung als auch eine Überversorgung verschiedener Nährstoffe kann sich negativ auf den Stoffwechsel auswirken und letztendlich die Leistungsfähigkeit beeinträchtigen.

In diesem Zusammenhang ist es auch wichtig, das Gewicht des Pferdes zu

Über den Zusatz von hochwertigen Ölen kann in der Futterration die Eiweißmenge prozentual zurückgefahren werden.

kontrollieren. Übergewichtige Pferde sind in ihrer Leistungsfähigkeit ebenso eingeschränkt wie unterernährte Tiere. Natürlich sind zu magere und verfettete Pferde auch gesundheitlich gefährdet. Es ist sehr schwierig, das Gewicht eines Pferdes zu schätzen, selbst professionelle Pferdeleute können in ihren Schätzungen erheblich daneben liegen. Deshalb ist Kontrolle besser und man sollte sein Pferd nach Möglichkeit auf die Waage stellen. Es gibt mobile Pferdewaagen, die man mieten kann oder man fährt samt Auto und Hänger auf eine LKW-Waage. Einmal wiegt man den Pkw mit Zugfahrzeug ohne Pferd und anschließend mit Pferd. Dann kann man das Pferdegewicht ermitteln.

Eine ungefähre Gewichtsermittlung in Kilogramm kann man mit der Formel »Brustumfang mal Körperlänge jeweils in Zentimetern dividiert durch die Zahl 11900« errechnen.

Viele Pferdeexperten füttern ihre Pferde nach Augenmaß, wie man es seit eh und je getan hat. Das ist durchaus nicht zu verachten, denn jede Berechnung mittels Computerprogramm kann die individuellen Bedingungen wie Klima, Bewegung (Energieverbrauch) und Futterverwertung eines jeden einzelnen Pferdes nicht berücksichtigen. So ist das »Auge des Herrn« ein weiterer wichtiger Faktor in der Pferdefütterung. Als Richtlinie kann man mit leichtem Fingerdruck über die Rippen des Pferdes streichen.

Die Rippen sollten dabei fühlbar sein, aber nicht sichtbar. Braucht man zu großen Druck, um die Rippen zu spüren, ist das Pferd zu dick. Auch der Fettansatz am Mähnenkamm deutet auf eine zu großzügige Fütterung des Pferdes hin, ebenso schwammige Körperpartien. Die Muskulatur sollte in seinen Konturen gut ausgeprägt sein, dann kann man sicher sein, dass kein überschüssiges Fett den Pferdekörper belastet.

Gesundheitsvorsorge

Nur gesunde Pferde können entsprechende Leistungen erbringen. Das gilt selbst für das Freizeitpferd, das man eventuell nur für gelegentliche Ausritte ins Gelände nutzen möchte. Zur Gesunderhaltung genügt es nicht, das Pferd richtig zu füttern und ihm einen artgerechten Stall zu bieten. Um Krankheiten vorzubeugen, muss das Pferd auch regelmäßig geimpft und entwurmt werden.

Wer sein Pferd auf Turnieren vorstellen will, ist über die Vorgaben der Verbände gezwungen, seinen Vierbeiner impfen zu lassen, da das Pferd sonst keine Starterlaubnis erhält. Aber auch dem Freizeitreiter, dessen Pferd kaum Kontakt zu Artgenossen hat, ist sehr zu empfehlen, sein Tier impfen zu lassen. Die heutigen Impfstoffe sind sehr verträglich, so dass kaum Nebenwirkungen zu erwarten sind. Man sollte den Pferden aber nach der Impfung ein paar Tage Ruhe gönnen.

Die regelmäßigen Impfungen gehören zum Standardprogramm der Gesundheitsvorsorge.

Die gängigsten und wichtigsten Impfungen erfolgen gegen Influenza, Herpes-Virusinfektion, Tetanus und Tollwut. Die Tollwutimpfung ist eigentlich nur in tollwutgefährdeten Gebieten notwendig, allerdings darf man nicht vergessen, dass man mit seinem Pferd möglicherweise auch mal in ein solches Gebiet kommt. Das kann auf einem Turnier sein, auf einem Wanderritt oder wenn man mit seinem Pferd in den Urlaub fährt. Wer denkt dann schon an eine Tollwutimpfung? Pferde, die in offenen Stallhaltungsformen leben, sind einer größeren Gefahr ausgesetzt, von einem tollwütigen Tier gebissen zu werden. Eine Impfung sollte darum zum Standardprogramm der Gesundheitsvorsorge gehören. Die Tollwutimpfung kann beim Fohlen ab dem dritten Lebensmonat durchgeführt werden und muss einmal jährlich wiederholt werden

Ohne Diskussion ist eine Influenzaimpfung notwendig. Hierfür ist eine Grundimmunisierung fällig, die aus drei Impfungen besteht. Die erste Impfung kann ab dem fünften Lebensmonat eines Pferdes durchgeführt werden, die zweite erfolgt nach sechs Wochen und die dritte Impfung nach weiteren sechs Monaten. Damit ist die Grundimmunisierung abgeschlossen und das Pferd hat einen ausreichenden Impfschutz. Die Wiederholungsimpfungen richten sich nach dem jeweiligen Impfstoff. Meist ist eine Wiederholung nach sechs bis neun Monaten fällig.

Gegen die Herpes-Virusinfektion impft man ab dem fünften Lebensmonat und wiederholt die Impfung nach drei bis vier Monaten zur Grundimmunisierung. Wiederholungsimpfungen sind ebenfalls nach sechs bis neun Monaten – je nach Herstellerangaben des jeweiligen Impfstoffs notwendig. Die Impfung gegen den Tetanuserreger ist für jedes Pferd obligatorisch. An Tetanus erkrankte Pferde sind in der Regel nicht mehr zu retten. Die Pferde sterben unter großen Qualen. Selbst in kleine Wunden, die vom Pferdebesitzer oft gar nicht entdeckt werden, kann der Tetanuserreger eindringen. Deshalb ist eine Vorsorgeimpfung besonders wichtig. Die erste Impfung erfolgt ebenfalls ab dem fünften Lebensmonat. Nach sechs Wochen wird die Impfung wiederholt. Nach einem Jahr impft man zum dritten Mal und hat die Grundimmunisierung damit abgeschlossen. In der Regel ist die Tetanusimpfung alle zwei Jahre fällig.

Oft unterschätzt wird der Parasitenbefall beim Pferd. Parasiten greifen nicht nur die von den kleinen Tierchen direkt betroffenen Gebiete an wie Magen, Darm, Lunge, Blutgefäße und Organe, sondern belasten den gesamten Organismus des Pferdes. Parasitenbefall schwächt das gesamte Immunsystem des Pferdes, so dass der Vierbeiner anfällig auf jede andere Art von Krankheit wird, insbesondere aber auf Infektionskrankheiten. In vielen Fällen wird der Wurmbefall vom Pferdebesitzer nicht unbedingt sofort erkannt, so dass die Schädigung im Pferdekörper unbemerkt fortschreiten kann. Diese schleichende Form zieht in der

Der Parasitenbefall wird beim Pferd oft unterschätzt. Würmer können die Organe dauerhaft schädigen und somit die Leistungsfähigkeit deutlich herabsetzen.

Regel einen Leistungsabfall und erhöhte Anfälligkeit auf Infektionen nach sich. Dies wird vom Pferdebesitzer aber häufig überhaupt nicht wahrgenommen. Erst wenn die Schädigungen schon so weit fortgeschritten sind, dass nur noch Schadensbegrenzung betrieben werden kann, werden manche Pferdebesitzer tätig. Doch dann kann es schon zu spät sein, denn in extremen Fällen kann übermäßiger Wurmbefall auch zum Tode führen, wenn die Organe schon zu stark geschädigt worden sind.

Damit das Pferd fit und leistungsfähig bleibt, ist eine regelmäßige Verabreichung von Wurmkuren unerlässlich. Da es sehr unterschiedliche Arten von Endoparasiten gibt, muss eine Kotprobe, die der Tierarzt auf Wurmbefall untersucht, darüber Aufschluss geben, von welchen Würmern das Pferd befallen ist. Die häufigsten Endoparasiten sind Blutwürmer, Spulwürmer, Magendasseln, Pfriemenschwänze, Bandwürmer und Lungenwürmer. Doch auch die Untersuchung einer Kotprobe bringt nicht immer ein befriedigendes Ergebnis, sondern kann nur Hinweise geben. In etwa zehn Prozent der untersuchten Kotproben finden sich Bandwürmer, aber mindestens 30 Prozent der Pferde – mit steigender Tendenz – sind davon befallen. Darum ist eine vorsorgliche Entwurmung gegen Bandwürmer, aber auch gegen alle anderen Endoparasiten wichtig.

Das Untersuchungsergebnis der Kotprobe kann helfen, das richtige Wurmmittel auszuwählen. Doch sollte man den Wirkstoff stets wechseln, weil Würmer sehr schnell Resistenzen gegen den jeweiligen Wirkstoffen entwickeln. Die Entwurmung des Pferdes steht viermal im Jahr an, wobei einmal im Jahr (im Winter) ein Präparat gewählt werden sollte, das gegen Magendasseln hilfreich sowie (bevorzugt im Sommer) vorsorglich gegen Bandwürmer geeignet ist. Zusätzlich sollte vor dem Weideaustrieb und im Herbst nach der Weidesaison entwurmt werden.

Zur Reduzierung des Wurmbefalls ist eine penible Weide- und Stallhygiene wichtig. Die Koppeln sollten täglich vom Kot der Pferde gereinigt werden. Der Pferdeauslauf und die Boxen sind einmal, besser aber zweimal, täglich zu misten. Die Miststätte sollte sich nicht in der Nähe der Weide befinden, sondern abseits vom Aufenthaltsort der Pferde.

Man sollte bedenken, dass Pferde nicht komplett wurmfrei zu halten sind, denn nach jeder Wurmkur wird das Pferd mit dem ersten Bissen Gras sofort wieder infiziert. Doch regelmäßige Wurmkuren helfen, den Wurmbefall gering zu halten, so dass das Pferd gesund und leistungsfähig bleibt.

Jeder Pferdebesitzer kennt wohl die Anzeichen von Unwohlsein und Krankheit bei seinem Pferd: Matte Augen, stumpfes Fell und Teilnahmslosigkeit sind nur einige Symptome. Doch oft genug fühlt sich das Pferd nicht wohl, obwohl man keine Anzeichen dafür entdeckt. Wer kann schon sagen, ob nicht auch Pferde unter Migräne-Kopfschmerzen leiden, ihr Rücken zwickt oder Sie ein entzündeter Zahn quält? Viele Wehwehchen bleiben vom Pferdebesitzer unentdeckt, weil Pferde ihre Schmerzen wenig nach außen tragen. Sie jammern nicht, sondern leiden stumm. Es bedarf schon eines großen Einfühlungsvermögens, um die Gefühle des Pferdes zu erahnen und frühzeitige Anzeichen von Schmerzen und Krankheiten zu entlarven.

Bei einem Verdacht auf Schmerzen oder Unwohlsein kann die Überprüfung der so genannten PAT-Werte (Puls, Atmung, Temperatur) hel-

Eine gute Weidehygiene, wozu das tägliche Abmisten der Koppeln gehört, kann einen Wurmbefall in Grenzen halten.

fen. Bei Schmerzen aller Art steigen meist auch der Puls und die Atemwerte an.

Entzündungen im Körper spiegeln sich oft durch eine erhöhte Körpertemperatur wider.

Die Normalwerte des Pferdes liegen beim Puls im Bereich von 28 bis 40 Schlägen pro Minute, die Atmung soll zwischen acht und 16 Atemzüge pro Minute betragen und die Temperatur befindet sich zwischen 37,5° bis 38,2° Celsius im Normalbereich.

Da die Werte einen gewissen Spielraum zulassen, sollte jeder Pferdebesitzer die Werte seines eigenen Pferdes im gesunden Zustand messen. Auf diese Weise kann man Abweichungen

Den Puls des Pferdes kann man am unteren Rand der Ganasche fühlen.

besser einordnen. Wenn ein Pferd eine Normaltemperatur von 37,6° hat und man misst eine Körpertemperatur von 38,2°, was laut Vorgaben noch im Normalbereich liegt, bedeutet dies für dieses spezielle Pferd aber schon eine erhöhte Temperatur.

Gerade für den Sportreiter ist es wichtig, den Gesundheitszustand auf diese Weise immer im Auge zu behalten.

Den Puls misst man am besten am Unterkieferast des Pferdes. Man legt dabei die Finger leicht an (bei zu starkem Druck würde man den Puls wegdrücken und nichts mehr spüren). Weil der Puls nur etwa alle zwei Sekunden schlägt, muss man etwas Geduld haben, bis man das leichte Pulsieren spürt. Man misst 15 Sekunden lang und nimmt den Wert mal vier, um die Minutenwerte zu erhalten.

Bei der Atmung beobachtet man das Heben und Senken der Flanke des Pferdes. Zusätzlich kann man die Hand vor die Nüstern des Pferdes halten, um das warme Ausatmen zu erspüren. Dabei ist es jedoch ungünstig, wenn die Hand mit irgendwelchen Gerüchen behaftet ist (Cremes, Futtermittel etc.), weil das Pferd zu schnuppern beginnt, was den Atemwert verfälscht.

Man muss bei der Messung auch bedenken, dass Nervosität und Anstrengung (beispielsweise wenn das Pferd gerade noch über die Koppel galoppiert ist) die Puls- und Atemwerte ansteigen lassen, ohne dass dabei eine Krankheit der Auslöser ist.

Die Körpertemperatur misst man mit einem handelsüblichen Fieberthermometer im After des Pferdes. Die oft empfohlene Methode, das Thermometer an einer Schnur zu befestigen und diese mit einer Wäscheklammer am Schweif festzuclippen, ist nicht sehr praktikabel. Man sollte das Thermometer in der Hand festhalten. So kann man es sofort herausziehen, wenn das Pferd unruhig werden sollte. Dreht sich das Pferd nämlich mit der Hinterhand gegen eine Wand, könnte das Thermometer abbrechen und das Pferd verletzen. Die Messung dauert bei modernen Digitalthermometern nur wenige Sekunden, so dass das Festbinden des Messinstruments unnötig ist. Man hält das Thermometer mit der Hand fest, wobei man die Spitze leicht seitlich an die Darmwand drückt, um eine optimale Messung zu erreichen. Man wartet auf den Piepston, der das Ende der Messung anzeigt und zieht das Thermometer sanft heraus. Vor dem Einführen des Thermometers in den Darm kann man das Messinstrument zusätzlich mit Vaseline bestreichen, damit es besser gleitet.

Zur weiteren Gesundheitskontrolle gehört es, die Zähne des Pferdes einer Inspektion zu unterziehen. Man lässt dies vom Tierarzt durchführen, der routinemäßig sowieso zweimal jährlich zu den Impfterminen kommt. Zahnentzündungen, Zahnhaken und Kiefernfehlstellungen sind oftmals nicht nur der Grund dafür, dass das Pferd schlecht fressen kann, das Futter zu wenig kaut und darum nur ungenügend verdaut, sondern können auch störend wirken, wenn das Pferd mit Gebiss gezäumt wird.

Wird das Futter schlecht verdaut, sinkt die Leistungsfähigkeit des Pferdes unweigerlich. Dauert dieser Zustand länger an, magert das Pferd ab, obwohl man ihm genügend zu fressen vorlegt.

Beobachtet man diesen Zustand, ist schnelles Handeln erforderlich. Ein auf Pferdezähne spezialisierter Tierarzt sollte das Pferd dann genau untersuchen.

Normalerweise hat das Pferd 36 Zähne, davon 12 Schneidezähne und 24 Backenzähne. Hengste besitzen noch zusätzlich vier Haken-

Die PAT-Werte des Pferdes
Die normalen Werte von Puls, Atmung und Temperatur werden im Ruhezustand gemessen:
Puls 28 bis 40 Schläge/Minute
Atmung 8 bis 16 Atemzüge/Minute
Temperatur 37,5° C bis 38,2° C

zähne, die hinter den Schneidezähnen angesiedelt sind. Auch manche Stuten bilden Hakenzähne aus, die meist jedoch verkümmert sind. Zudem sind zusätzliche Zähne vor den Backenzähnen möglich, die dann als Wolfszähne bezeichnet werden. Diese Zähne können stören, wenn sie gerade dort durch das Zahnfleisch stoßen, wo die Trense im Maul liegt. Dann muss der Tierarzt die Zähne entfernen.

Wenn Pferde beim Reiten den Kopf hochwerfen, übermäßig kauen oder mit dem Gebiss hadern, können Zahnprobleme die Ursache sein. Zahnschmerzen sind für ein Pferd ebenso unangenehm wie für den Menschen. Eine regelmäßige Kontrolle kann dem Pferd somit viele Schmerzen ersparen.

Ein weiterer wichtiger Aspekt, der die Leistungsfähigkeit des Pferdes beeinträchtigt, ist die Schädigung der Magenschleimhaut, die sich letztendlich in Magengeschwüren äußern kann. Neben vielen anderen Krankheiten, die offensichtlicher erscheinen, hat man erst in den letzten Jahren erkannt, dass Magengeschwüre beim Pferd nicht selten sind. Sportpferde sind sogar mit einer 90-prozentigen Wahrscheinlichkeit betroffen! Schon ein Drittel aller Fohlen leidet unter Magen-

Pferde, die beim Reiten häufig den Kopf hochwerfen, könnten unter Zahnproblemen leiden.

geschwüren und etwa die Hälfte bis zwei Drittel aller erwachsenen Pferde zeigen Veränderungen der Magenschleimhaut.

Eindeutig bewiesen ist die Tatsache, dass Pferde, die im Leistungssport eingesetzt werden, weit öfters betroffen sind als Freizeitpferde. Warnsignale und Anzeichen von Magengeschwüren können Durchfälle, Abmagerung, häufige Koliken oder mangelnder Appetit sein. Auch Zähneknirschen und ständiges Kauen werden als Symptom für Magengeschwüre beschrieben.

Die Ursachen sind – wie auch beim Menschen – sehr häufig Stress und falsche Fütterung. Stressfaktoren sind aber nicht nur Sportpferde auf Turnieren und Wettkämpfen ausgesetzt, sondern auch Freizeitpferde, die in vermeintlich pferdegerechten Gruppenhaltungen leben. Wenn zu viele oder unpassende Pferde in einer Gruppe zusammenleben müssen, sind die rangniedrigen Tiere einem hohen Stresspegel ausgesetzt. Sie werden von den ranghöheren Artgenossen stets vertrieben, müssen ständig auf der Hut sein, damit sie genug ausweichen können, um Tritten und Bissen zu entgehen. Letztendlich haben

Rangniedrige Pferde sind einem erhöhten Stresspegel ausgesetzt, wenn sie von ranghöheren Artgenossen ständig vertrieben werden.

sie nur unzureichend die Möglichkeit, ihrem Ruhebedürfnis nachzukommen. So legen sie sich kaum hin, weil sie ständig wachsam sein müssen. Zudem sind sie die Letzten bei der Fütterung und müssen stets um ihre zugedachte Ration bangen.

Solche Stresssituationen werden vom Pferdehalter oft nicht erkannt, vielmehr ist dieser häufig der Ansicht, dass sein Pferd den ganzen Tag im Paddock steht und nichts zu tun hat. Auch wenn dem so ist, Langeweile ist auch eine Form von Stress!

Natürlich unterliegt das Pferd bei jeglicher, nicht artgerechter Haltung krank machendem Stress. Es ist kein Wunder, wenn Pferde, die die meiste Zeit über in Boxen gehalten werden, in denen sie sich nur umdrehen können, an stressbedingten Magengeschwüren leiden.

Magengeschwüre werden auch durch zu viel Kraftfutter begünstigt. Somit sind wiederum Sportpferde stärker gefährdet. Abhilfe kann man schaffen, indem man das Heu vor der Kraftfuttergabe füttert und die Portionen über den Tag auf mehrere kleine Rationen aufteilt.

Wissenswertes über Stress

*Es gibt zwei verschiedene Arten von Stress, den so genannten positiven **Eustress** und den negativen **Disstress**. Ob das Pferd eine Situation als Eustress oder Disstress erfährt, hängt auch von seiner momentanen körperlichen Verfassung ab.*

Merkmale des Eustress sind:
- *Das Pferd stellt sich gerne einer Herausforderung, ist motiviert.*
- *Es fühlt sich stark genug, die Situation zu meistern.*
- *Die Aufgabe wird höchstwahrscheinlich mit Erfolg zu Ende gebracht.*

Merkmale des Disstress sind:
- *Eine Aufgabe wird als belastend, überfordernd und unangenehm empfunden. Das Pferd möchte einer Situation oder Aufgabe ausweichen.*
- *Ein Scheitern ist sehr wahrscheinlich, Konflikte werden verstärkt.*
- *Das Pferd ist ängstlich, hilflos oder widersetzt sich.*

Aufgrund der negativen, krank machenden Auswirkungen von Disstress sollte man bestrebt sein, sich selbst und sein Pferd vor solchen Stresssituationen zu schützen. Nur dann können Mensch und Tier leistungsfähig bleiben.

Die Konsequenzen von Stress sind weitläufiger als man denkt. Neben Magengeschwüren können auch eine Reihe von weiteren Krankheiten begünstigt werden. An erster Stelle sind Koliken zu nennen, aber auch Muskelprobleme, die zunächst nur mit »harmlosen« Verspannungen beginnen. Die Leistungsfähigkeit ist bei stressgeplagten, kranken und verspannten Pferden gleichermaßen deutlich herabgesetzt. Deshalb ist krank machender, negativer Disstress unbedingt zu vermeiden.

Alter und Reife

Die Leistungsfähigkeit eines Pferdes wird insbesondere auch vom Alter und der Reife bestimmt. Der Mensch ist im Alter von etwa 20 bis 25 Jahren am leistungsfähigsten. In dieser Zeit haben die meisten Sportler auch ihre größten Erfolge. Ein Fußballspieler, der mit 30 Jahren noch aktiv in der Bundesliga spielt, gilt schon als »Oldie«. Bei Pferden fällt die Leistungskurve nicht in dem Maße ab, dennoch muss das Alter mit in die Beurteilung der Leistungsfähigkeit eingerechnet werden. Die Zahlen von Versicherungen über die Lebensdauer von Sportpferden sind erschreckend. Danach wird ein Pferd im Durchschnitt nur noch sieben Jahre alt! Dabei ist ein Pferd mit sechs Jahren erst ausgewachsen.

In welchem Alter ein Pferd den Gipfel seiner Leistungsfähigkeit erreicht, hängt von vielerlei Faktoren ab. Insbesondere muss man dabei die Art des Einsatzes berücksichtigen, also in welcher Disziplin das Pferd eingesetzt wird. Zusätzlich stellt sich die Frage, ob das Pferd im Freizeit- oder Leistungssport seine Dienste tut. Das Maß der Belastungen ist hier mitentscheidend, da es den Verschleiß von Knochen, Gelenken, Sehnen und Bändern maßgeblich mit beeinflusst.

Eigentlich wäre ein Pferd bis zu einem Alter von etwa 20 Jahren im Leistungssport einsetzbar. Doch viele Pferde scheiden teils schon in jugendlichem Alter aus ihrer sportlichen Laufbahn aus. Das hängt damit zusammen, dass das Pferd den erforderlichen Belastungen nicht standhält. Oft gehen diese Pferde letztendlich in die Zucht.

Um leistungsfähige Pferde zu züchten, ist dies gewiss nicht der richtige Weg. Vielleicht finden diese Tiere aber auch noch den Weg

ins Freizeitreiterlager. Es ist eine Frage der Art und Weise von Über-lastungserscheinungen, ob diese Lösung sinnvoll ist.

Die Strukturen des Pferdes sind im Wachstum noch nicht vollständig belastbar. Da das Pferd aber erst mit etwa sechs Jahren ausgewachsen ist, riskiert man frühzeitige Schäden am Bewegungsapparat des Pfer-des, wenn man von ihm in jüngeren Jahren Höchstleistungen fordert. Aus wirtschaftlichen Gründen wird das Pferd dennoch dem Risiko des frühen Verbrauchs ausgesetzt. Welcher Züchter und Trainer kann es sich leisten, ein Pferd jahrelang aufzuziehen und langsam anzutrai-nieren, damit es mit sieben Jahren letztendlich die Leistungen er-bringt, die man auch schon mit drei Jahren abfordern kann? Ein Pferd vier Jahre lang zu füttern und zu pflegen verschlingt Unmengen an Geld. Die heutige Gesellschaft – ob Trainer, Züchter oder Pferdebe-sitzer – hat zu wenig Geduld (und Geld), darauf zu warten. Um Pfer-de Gewinn bringend zu verkaufen, ist eine lange Aufzucht und Aus-bildungszeit untragbar. Den Züchter und Trainer des Pferdes interessiert es wenig, ob das Pferd, das mit drei Jahren für gutes Geld an seinen neuen Besitzer gegangen ist, in fünf Jahren noch Höchstleis-tungen erbringen kann. Besser ist es doch, wenn das Pferd verschlis-

Die Knochen, Gelen-ke, Sehnen und Bän-der sind im Wachs-tum des Pferdes nicht vollständig belastbar und darum anfällig für frühen Verschleiß und Ver-letzungen.

sen ist und die Besitzer dann schon wieder ein neues »Sportgerät« suchen. Züchter und Trainer haben sicherlich schon für Nachschub gesorgt …

Dem Pferdefreund ist deshalb anzuraten, keine Pferde zu erwerben, die vor ihrem vierten Lebensjahr (also zweijährig) angeritten worden sind. Wenn sich solche Pferde nicht mehr absetzen lassen, findet vielleicht ein Umdenken in der Vermarktung der Pferde statt. Leider hat man es heutzutage sehr schwer, sich ein dreijähriges, rohes Pferd zu kaufen. Die Suche bleibt oft erfolglos. Dies zwingt den Pferdeinteressenten, ein jüngeres Pferd zu kaufen, es in eine gute Aufzucht zu geben und es schließlich vierjährig entweder selbst einzureiten, wenn man sich dies zutraut, oder von einem verständnisvollen Trainer ausbilden zu lassen. Im Freizeitbereich lässt sich die Vorstellung von einer späten und langsamen Ausbildung noch verwirklichen, im großen Sport allerdings kann sich dies kaum jemand wirklich leisten. Schuld sind sicherlich auch die Verbände, die junge Pferde in relativ schweren Prüfungen starten lassen. Ein typisches Beispiel sind die »Futurity«-Wettbewerbe im Westernreiten.

Die Manöver von dreijährigen Quarter Horses, die bereits zweijährig unter dem Sattel trainiert werden, sind schon fast perfekt.

Die Manöver der dreijährigen Quarter Horses sind nahezu ausgereift und nur noch schwer zu toppen. Hierzu gehen die Pferde bereits mit eineinhalb Jahren ins Training. Über das Winterhalbjahr lernen die Pferde die Grundbegriffe der Reiterei und mit zwei Jahren geht das knochen- und gelenkbelastende Training los.

Nach einem weiteren Jahr stehen die Pferde am Höhepunkt ihrer Leistungskarriere. Zwei Jahre im Turniersport reichen aus, um einen Bekanntheitsgrad zu erreichen, das Pferd zu einem guten Preis zu verkaufen oder in die Zucht zu schicken. Der Verschleiß bis zu diesem Zeitpunkt (man bedenke: Das Pferd ist zu diesem Zeitpunkt gerade mal fünf Jahre alt!) ist irrelevant, denn das Tier hat das Vermarktungsziel erreicht.

Dies ist beileibe keine Ausnahme im Pferdesport. Blickt man in das Lager des Rennsports, laufen zweijährige Vollblüter bereits in hoch dotierten Rennen. Wann, wenn nicht als Jährling, wurden diese Pferde dann eingeritten und trainiert? Den jungen Pferden werden Höchstleistungen abverlangt. Wenn man dabei jedoch bedenkt, welchen Zeitraum die Strukturen des Pferdes benötigen, um eine gewisse Wi-

Im Rennsport werden sogar Zwei-jährige schon in Rennen eingesetzt, die den Pferden Höchstleistungen abverlangen.

derstandsfähigkeit zu erreichen, können einem diese Pferde nur noch Leid tun. Zwar kann man Muskelmasse in einigen Wochen aufbauen, die Sehnen benötigen aber mehrere Monate. Das Knochenwachstum dauert am längsten. Bis die Knochen eine Stärkung durch das Training erreichen, muss man mehrere Jahre veranschlagen.

Schluss der Epiphysenfugen

Ob ein junges Pferd einer bestimmten Trainingsbelastung ausgesetzt werden kann, wird häufig von der Schließung der Epiphysenfuge abhängig gemacht. (Epiphyse = Wachstumsfuge = Fuge zwischen der Epiphyse, dem Endstück, und der Diaphyse, dem Mittelstück, eines Knochens. Die Epiphysenfuge besteht aus so genanntem hyalinem Knorpelgewebe.) Diese werden auch häufig mit dem Wachstumsabschluss gleichgesetzt. Die Epiphysenfugen der einzelnen Skelettteile schließen sich allerdings unterschiedlich. Während die proximale Wachstumsfuge des Hufbeins schon vor der Geburt geschlossen ist, schließt sich die distale Epiphysenfuge des Schulterblatts erst mit etwa zehn Monaten und in extremen Fällen erst mit 20 Monaten. Entscheidend ist sicherlich, wann die letzten Epiphysenfugen geschlossen sind, um die Belastbarkeit des Pferdes zu beurteilen.

Ab wann kann ein Pferd belastet werden?
Nachdem alle Wachstumsfugen nach den Beobachtungen von Wissenschaftlern erst nach 42 Monaten geschlossen sind, sollte das Pferd auch nicht vor diesem Zeitpunkt (dreieinhalb Jahre) belastet werden.

Weil erst im Alter von dreieinhalb Jahren die Epiphysenfugen geschlossen sind, ist eine Belastung des Pferdes in jüngerem Alter nicht ratsam.

Erst mit 42 Monaten schließt sich nach H. Wissdorf und B. Huskamp die proximale Wachstumsfuge des Wadenbeins (Fibula). Die Epiphysenfugen im unteren Bereich der Speiche (Radius) und die proximale Apophyse der Elle (Ulna) benötigen in der Regel etwa 25 bis 35 Monate, um zu verknöchern. In extremen Fällen kann dies aber ebenfalls 42 Monate dauern, ebenso wie die Wachstumsfugen des Oberschenkel- und Schienbeins.

Ohne röntgenologische Untersuchung (aller in Frage kommenden Wachstumsfugen) kann man bei keinem Pferd mit Bestimmtheit sagen, dass das Wachstum abgeschlossen ist. Deshalb ist eine Belastung des Pferdekörpers vor dreieinhalb Jahren nicht ratsam, weil es sonst zu Schädigungen des Knochenapparats kommen kann. Das Größenwachstum des Pferdes ist aber mit dreieinhalb Jahren noch nicht zwingend abgeschlossen.

Die Dornfortsätze der einzelnen Wirbel besitzen so genannte Knorpelkappen, die im Laufe der Zeit verknöchern. Sie sind bis zum zehnten Lebensjahr – in extremen Fällen sogar noch länger – knorpelig. Obwohl Pferde nach dem Befund der Wachstumsfugen der Gliedmaßen als ausgewachsen gelten, können sie noch an Widerristhöhe zunehmen. Das Wachstum findet im Bereich der Knorpelkappen statt, aber nicht mehr im Gliedmaßenbereich. Dies kann dazu führen, dass sich bis zum zehnten Lebensjahr oder darüber hinaus die Rückenform verändert und aufgrund dessen die Passform des Sattels regelmäßig überprüft werden muss!

Die Früh- und Spätreife von Pferden

Eine allgemeine Regel besagt, dass spät und schonend antrainierte Pferde umso länger fit bleiben. Ein Jahr zu frühes Anreiten kostet dem Pferd im Alter mehrere Lebensjahre. So pauschal lässt sich die Verwendbarkeit von Pferden jedoch nicht sagen.

Wie es Menschen gibt, die bereits mit 60 Jahren an Herzversagen sterben, sind andere Leute noch mit 80 Jahren so fit, dass sie Arbeiten verrichten oder Sport treiben können. Bislang hat man noch nicht exakt herausgefunden, woran es grundsätzlich liegt, dass manche Menschen hundert Jahre alt werden, während andere schon mit 50 oder 60 sterben.

Trotz aller Anstrengungen herauszufinden, ob viel Sport, eine gesunde Ernährung oder wenig Stress tatsächlich die Faktoren für ein langes Leben sind, belehren uns die »Alten« oft eines Besseren. Dass so mancher 80-jährige sich täglich einer Schachtel Zigaretten widmet, auch das eine oder andere Stamperl Schnaps nicht ablehnt und sich regelmäßig den fetten Schweinebraten gönnt, stellt die Anti-Aging-Kampagnen auf den Kopf.

Genauso schwierig ist es zu bestimmen, wie alt Pferde unter diesen oder jenen Bedingungen werden können. Wie bestimmte Faktoren beim Menschen sicherlich spezielle Krankheiten vorbeugen helfen, dient auch dem Pferd eine artgerechte Haltung, Fütterung und entsprechende Pflege seiner Gesundheit und somit einem langen Leben. Trotzdem kann man nicht alles über einen Kamm scheren. Man hat niemals eine Garantie, dass ein Pferd bei einer bestimmten Fütterung oder Haltung mindestens 25 Jahre alt wird. Davon hängen zu viele Faktoren ab, die letztendlich nicht berechenbar sind. Einen sehr großen Anteil an dieser Berechnung haben die Gene, die mitunter auch die Alterung steuern. So altern manche Individuen früher als andere, was eben rein genetisch bestimmt wird. Äußerlich lässt sich hier nur

Manchen Pferden sieht man ihr hohes Alter nicht an, wie beispielsweise dieser 26-jährigen New Forest-Ponystute.

Viele Stutenbesitzer möchten gerne ein Fohlen aus der eigenen Stute ziehen.

wenig beeinflussen.Somit sehen manche Pferde mit 15 Jahren schon richtig alt aus, während man anderen mit 25 Jahren ihr Alter kaum ansieht. Die Einschätzung eines Pferdes nach Alter und Leistungsfähigkeit ist deshalb sehr relativ. Dennoch kann man die Gesundheit des Pferdes durch eine artgerechte Haltung, Fütterung und den moderaten Leistungseinsatz fördern. Das Leben des Pferdes lässt sich damit möglicherweise nicht verlängern, aber eine falsche Behandlung in Haltungs-, Fütterungs- und Trainingsformen kann das Leben eines Pferdes drastisch verkürzen!

Über eine gezielte Selektion versucht man immer, leistungsfähigere Pferde zu züchten. Diejenigen Pferde, die einen frühen Einsatz mit einer entsprechenden Leistung nicht erbringen, werden ausgemustert. So zumindest die Theorie. In der Praxis fährt man nicht selten andere Wege. Wenn Pferde früh aus dem Sport ausscheiden – meist wegen unheilbaren körperlichen Schädigungen – geht das Tier in die Zucht, damit es weiter vermarktet werden kann. Man kann sich also nicht immer darauf verlassen, dass nur die besten Pferde in die Zucht gehen und die Selektion nach Leistungsfähigkeit stattfindet.

Bedenkt man außerdem, dass viele Hobbyzüchter einfach nur mal ein Fohlen aus der eigenen Stute ziehen möchten und andere Pferdebesitzer den nächstbesten Hengst wählen, weil er einfach billiger ist und im nächsten Dorf steht, kann bestenfalls von Pferdevermehrung, aber nicht mehr von Zucht die Rede sein. Von gezielter Selektion ganz zu schweigen.

Die seriösen Züchter haben jedoch immer die Leistungsfähigkeit als Zuchtziel im Auge. Hierzu gehört auch der frühestmögliche Einsatz des Pferdes. Man ist versucht, so genannte frühreife Pferde zu züchten. Man kennt insbesondere das englische Vollblutpferd, das Quarter Horse (das viel englisches Vollblut in seinen Adern führt) und andere Vollblutkreuzungen als frühreife Pferde. Das Einreiten mit zwei Jahren ist dabei mittlerweile gang und gäbe. Als spätreif gelten im Allgemeinen Isländer und andere robuste Ponyrassen.

Woran kann die Reife eines Pferdes festgemacht werden? Man zieht hierzu meist folgende Parameter hinzu: Widerristhöhe, Brustumfang, Körpergewicht, Röhrbeinumfang und Schluss der distalen Radiusepiphysenfuge. Vergleicht man verschiedene Rassen miteinander, können nur sehr geringe Unterschiede festgestellt werden. Diese Abweichungen treten aber auch bei Pferden innerhalb einer Rasse auf. Es könnte sich dann um bestimmte Linien handeln, was auf eine genetische Disposition hinweist. Einfluss können aber ebenso die Fütterungs- und Haltungsbedingungen haben.

In jedem Fall kann nach Beobachtung der Entwicklung der Pferderassen im Vergleich kein Unterschied zwischen so genannten frühreifen Rassen wie den Englischen Vollblutpferden und anderen Rassen wie Warmblütern, Ponys und dergleichen festgestellt werden. Dies lässt den Schluss zu, dass es keine früh- oder spätreifen Rassen gibt. Ein Hinweis darauf geben die Untersuchungen über den Schluss der Epiphysenfugen. Mit einigen Schwankungen sind die Zeiträume bei allen Pferden identisch.

Der Wissenschaftler Dr. Arno Lindner stellt in seinem Artikel »Frühreife der Rennpferde: Wunschdenken oder Realität?« außerdem fest: »Die Arbeiten über die Zusammenhänge zwischen Alter der Rennpferde (Vollblüter, Traber, Quarter Horses) und gesundheitlichen Schäden zeigen, dass zweijährige Pferde häufiger ausfallen als ältere. Daraus folgt, dass Rennpferde im Vergleich zu anderen Pferderassen nicht als frühreif bezeichnet werden können.« Daraus ist zu folgern, dass insbesondere die vermeintlich frühreifen Pferderassen mit der Argumentation der Frühreife zu früh zur Leistung herangezogen werden. Dadurch ergibt sich das Risiko von gesundheitlichen Schäden. Lindner stellt mehrere Untersuchungen hierzu in seinem oben genannten

Kein Rassenunterschied

Untersuchungen haben ergeben, dass Unterschiede in der Entwicklung des Pferdes lediglich in geringem Maße und dann nicht nur rassespezifisch, sondern auch innerhalb einer Rasse auftreten. Daraus ist zu folgern, dass es keine früh- oder spätreifen Rassen gibt.

Artikel vor. So erkannten Mason und Bourke, dass die Lahmheiten von 100 beobachteten Vollblutpferden in Australien als Zeichen der Unreife einzustufen sind. Weiter wurden in England Untersuchungen durchgeführt, die zu dem Ergebnis kamen, dass ein größerer Anteil von zweijährigen Galopprennpferden während des Trainings Lahmheiten aufwiesen als dreijährige und ältere Pferde. Auch in Amerika kam man zu ähnlichen Ergebnissen: Erschreckend ist allein schon die Tatsache, dass nach diesen Untersuchungen 45 Prozent der über dreijährigen Pferde wegen Gesundheitsschäden aus dem Sport ausscheiden müssen. Bei den Dreijährigen war es die Hälfte, während die Zahl bei den Zweijährigen auf sogar 56 Prozent stieg.

Weitere Untersuchungen bei Trabern in Deutschland haben gezeigt, dass Pferde, die erst dreijährig in Rennen eingesetzt worden sind, im ersten und zweiten Rennjahr bessere Erfolge erzielten als Pferde, die schon zweijährig am Start waren. Lindner und Dingerkus stellten auf der Galopprennbahn in Köln weiter fest, dass zweijährige Galopprennpferde häufiger verletzungsbedingt ausfallen als ältere Pferde. Dabei mussten 79 Prozent der Zweijährigen mindestens einen Tag

Englische Vollblutpferde können nach Untersuchungen im Vergleich zu anderen Rassen nicht als frühreif bezeichnet werden.

aufgrund von Verletzungen pausieren, während es bei den Dreijährigen und älteren Pferden 56 Prozent beziehungsweise 43 Prozent waren. Die Tendenz zeigt eindeutig, dass zu früh zur Arbeit herangezogene Pferde verletzungsanfälliger sind als spät zum Einsatz kommende. Da sich die Untersuchungen ganz speziell auf vermeintlich frühreife Pferderassen bezogen haben, wird die Annahme widerlegt, dass es frühreife Rassen überhaupt gibt.

Man kann zwar über eine intensive Fütterung ein schnelleres Wachstum der Fohlen herbeiführen, die Pferde sind aber dadurch nicht früher ausgewachsen und leistungsfähig. Wenn die jungen Pferde sehr früh schnell wachsen, verlangsamt sich der Entwicklungsprozess zum Ende ihres Wachstums. Fohlen hingegen, die unter kargen Bedingungen eher langsam wachsen, holen den Entwicklungsbedarf später problemlos wieder auf.

Die Reife eines Pferdes hängt nicht von der Rasse, den Fütterungs- oder Haltungsbedingungen ab, sondern ist in erster Linie genetisch festgelegt. Diese genetische Veranlagung ist fest im Erbgut verankert und kann auch über züchterische Maßnahmen kaum verändert werden. Genauso wie die Fluchtbereitschaft des Pferdes nicht ausgelöscht werden kann, benötigt das Pferd eine gewisse Entwicklungszeit, bis es ausgewachsen und zur Leistung bereit ist. Diese Zeitspanne unterliegt nur geringfügigen Schwankungen, die keinen Anlass dazu geben, deswegen eine ganze Rasse als frühreif zu erklären, zumal diese Abweichungen auch bei Pferden innerhalb einer Rasse zu beobachten sind. Um eine größtmögliche Wahrscheinlichkeit zu erreichen, ein Pferd über lange Jahre hinweg gesund und leistungsfähig zu erhalten, ist ein später Einsatz unter dem Sattel und ein langsam aufbauendes, fundiertes Training anzustreben.

Will man ein Fazit aus obigen Überlegungen und Feststellungen ziehen, sollten Pferde erst ab einem Alter von dreieinhalb Jahren unter dem Sattel gearbeitet werden.

Bei einer intensiven Fütterung wachsen Jungtiere schneller. Der Entwicklungsprozess ist aber auch bei ihnen letztendlich nicht schneller abgeschlossen.

Kapitel 4

Training bedeutet die Anpassung des Körpers an bestimmte Leistungsanforderungen. Hierzu sind ein spezieller Trainingsaufbau und gezielt gesetzte Reize notwendig, damit das Training leistungssteigernd ist und nicht nutzlos oder gar leistungsmindernd. Übertrainierte Pferde fallen in der Leistung ebenso ab wie Pferde, die zu geringen Trainingsreizen ausgesetzt worden sind.

Grundlagen
----
der

Trainingslehre

Es sind bestimmte Maßnahmen erforderlich, eine sportliche Leistung zu erlangen, zu stabilisieren und zu steigern. Dabei helfen entsprechende Trainingsmethoden und die Ausarbeitung von Trainingsplänen. Ein Trainingsplan muss auf jedes Pferd individuell zugeschnitten werden, ein bestimmtes Ziel haben und in Teilziele abgegrenzt sein. Da jedes Pferd unterschiedliche Voraussetzungen hat und jedes Ziel anders gelagert ist, kann es keine Trainingspläne geben, die für alle Pferde gleichermaßen gelten. Deshalb muss sich der Reiter ein gewisses Grundwissen über die Körperfunktionen des Pferdes, die Faktoren des sportlichen Trainings, die Energiebereitstellung und Verstoffwechslung im Körper sowie Prinzipien des Trainings aneignen. Nur dann ist er in der Lage, ein für sich und sein Pferd passendes Trainingsprogramm zusammenzustellen, das leistungssteigernde Auswirkungen hat. Dies ist der einzige Weg, seine Ziele – ob in sportlicher Hinsicht oder auf der Basis der Gesunderhaltung – zu erreichen.

Die Biomechanik des Pferdes

Zunächst sollte sich der Reiter mit den biomechanischen Funktionen und Bewegungen des Pferdekörpers befassen. Insbesondere ist es in diesem Zusammenhang wichtig, die Bewegungsabläufe der einzelnen Gangarten des Pferdes kennen zu lernen. Des Weiteren ist es für das Training bedeutend, welche Kräfte bei bestimmten Bewegungen auf das Pferd beziehungsweise die Pferdebeine einwirken und welche trainingstechnischen Maßnahmen getroffen werden können, um falsche und überlastende Einwirkungen zu vermeiden.

Jedes Pferd verfügt über die drei Grundgangarten Schritt, Trab und Galopp. Bestimmte Pferderassen bieten noch weitere Gangarten an, insbesondere kennt man den Tölt und den Pass. Diese Gänge findet man beim Isländer, bei manchen Trabern oder Peruanische Pasos, um nur einige zu nennen. Die Gänge eines Pferdes (wie Pass oder Tölt) kann das Pferd nicht erlernen, sie sind vielmehr genetisch verankert. Nur wenn die genetische Disposition hierzu vorhanden ist, kann man die Gangart trainingstechnisch entwickeln, verbessern und gezielt abrufen. Die Grundgangarten (Schritt, Trab, Galopp) hat jedes Pferd in

seiner genetischen Information. Pferde, die nicht galoppieren (manche Traber tendieren dazu) oder Schwierigkeiten mit dem Schritt haben, wurde die jeweilige Gangart abtrainiert. Traber dürfen auf der Rennbahn nicht galoppieren. So bindet man ihnen einen Hilfszügel über den Kopf, der bis zum Rücken verläuft (Overcheck oder Aufsatzzügel), damit das Pferd den Kopf nicht senken kann. Der Rücken bleibt durchgedrückt, wodurch es dem Traber schwer fällt, in den Galopp überzugehen. Für die Gangart Galopp muss das Pferd den Rücken nämlich aufwölben. Die Rückenmuskulatur wird abtrainiert, so dass das Galoppieren immer schwerer fällt. Letztendlich wird es dem Pferd sogar unangenehm, dass es den Galopp von sich auch möglichst meidet.

Manche Pferde sind auch nicht in der Lage, unter dem Sattel Schritt zu gehen. Diese Vierbeiner stehen unter großem psychischen Druck – in der Regel durch eine falsche Ausbildung –, so dass sie extrem verspannt laufen. Bei Nervosität und Anspannung tendiert das Pferd zum Zackeln, einer extrem kurzen, aber verspannten Trabbewegung. Sobald ein Reiter im Sattel sitzt, ist eine Situation gegeben, der das Pferd mental nicht gewachsen ist und darum panisch reagiert.

Natürlich können all diese Pferde aufgrund ihrer genetischen Beschaffenheit Schritt gehen, traben und galoppieren. Wenn sich also Schwierigkeiten in der einen oder anderen Gangart einstellen, liegt immer ein gesundheitlicher oder trainingstechnischer Grund vor.

Für die korrekte Hilfengebung ist es für den Reiter wichtig, die Bewegungsabläufe der einzelnen Gangarten zu kennen. Für das Training muss man sich zusätzlich mit dem Ausmaß der Belastungsfähigkeit der Gelenke, Bänder-, Muskel-, und Sehnenstrukturen auseinander setzen. Dafür beleuchten wir die einzelnen Gangarten näher.

Der so genannte Overcheck verhindert, dass das Pferd seinen Kopf nach unten senken kann. Damit versucht man, das Angaloppieren von Trabrennpferden zu verhindern.

Der Schritt ist eine schreitende Gangart im Viertakt mit acht Phasen. Damit ist er die einzige Gangart, die keine Schwebephase aufweist. Hierdurch kann man im Schritt auch keinen Schwung entwickeln, da dieser von einer Schwebephase abhängig ist. Wohl aber ist es möglich, die Hinterhand zum Untertreten zu veranlas-

Um seine Hilfen korrekt einsetzen zu können, muss der Reiter die Bewegungsabläufe der Gangarten kennen.

sen, was allgemein mit »Schub« bezeichnet wird. Der Unterschied von Schwung und Schub dürfte damit klar definiert sein, was für das Training von Pferden von wesentlicher Bedeutung ist.

Der Schritt wird definiert als Gangart, deren gegenüberliegende Beinpaare zwar gleichseitig, aber nicht gleichzeitig auffußen. Es ergibt sich daraus nachstehende Fußungsfolge: Das Pferd setzt zuerst das linke Hinterbein auf. Es folgt das linke Vorderbein, danach das rechte Hinterbein und schließlich das rechte Vorderbein. Dann beginnt die Fußfolge mit dem linken Hinterbein wieder von vorne.

Das Pferd hat dabei immer entweder zwei oder drei Beine als Stütze am Boden. Da keine Schwebephase vorhanden ist, »landet« das Pferd nicht am Boden und muss darum mit den Beinen außer seinem eigenen Körpergewicht keine größeren Kräfte abfangen. Allein dadurch entpuppt sich der Schritt als recht schonende Gangart.

Grundsätzlich kann die Aktivität des Pferdebeins in verschiedene Bewegungsphasen aufgeteilt werden. In dem Moment, in dem das Pferd das Bein auf den Boden setzt, beginnt die Stützbeinphase, in der das Gewicht abgestützt und die Bewegung gegebenenfalls abgebremst wird. Sobald das Bein nun senkrecht zum Boden steht, geht die Bewegung in die Schubbeinphase über. Jetzt drückt das Bein das Körpergewicht gegen den Boden und schiebt den Körper nach vorne. Wenn der Huf nun vom Boden abfußt, beginnt die Schwung- oder Hangbeinphase, bei der das Bein nach vorne gehoben wird. Die Stützbein- und Schubbeinphase sollte jeweils gleich lang sein. Wenn dies nicht der Fall ist, kann man von Taktstörungen sprechen, die als Ursache einfache Verspannungen bis hin zu chronischen Gelenkerkrankungen und Verletzungen haben können. Ist die Stützbeinphase kürzer als die Schubbeinphase, handelt es sich oft um Gelenkprobleme. Eine verkürzte Schubbeinphase hingegen deutet auf Bänder- und Sehnenverletzungen hin.

Die Schwungphase kann ebenfalls Unregelmäßigkeiten aufzeigen, die auf Grund von Fehlstellungen und/oder Schmerzen zustande kommen. Diese Anomalien haben Einfluss auf die Fußung der Hufe am Boden. Es kann dabei eine Trachten- oder Zehenfußung sowie Außenwand- und Innenwandfußung auftreten. Der Bewegungsbogen des vorschwingenden Beins kann sich ebenfalls verändern. Das Bein kann während der Schwungphase nach innen oder außen driften. Der Fachmann bezeichnet diese Abweichungen als paddeln und flattern. Solche Ganganomalien sind in der Regel stark gelenkbelastend. Im Leistungssport sollten diese Pferde nicht eingesetzt werden.

Bei einer guten Schrittbewegung bildet das gleichseitige Beinpaar ein deutliches »V« unmittelbar vor dem Auffußen des Hinterbeins. Je länger dieses »V« Bestand hat, desto weiter greift das Hinterbein nach vorne und spurt über den Abdruck des Vorderbeins ein.

Nur wenn die Stützbein- und Schubbeinphase gleich lang sind, kann die Gangart taktrein sein.

Das Hinterbein sollte etwa 20 Zentimeter übertreten, wobei diese Angabe immer relativ zu sehen ist, weil das gesamte Exterieur hierfür eine Rolle spielt, wie weit ein Pferd überhaupt untertreten kann.

Wenn das Schritt-V nur kurzzeitig sichtbar wird oder sich die Hufe der gleichseitigen Gliedmaßen nicht annähern, ist der Schritt passig. Beim Pass schwingen die gleichseitigen Beinpaare gleichzeitig nach vorne. Diese Gangart ist in manchen Pferderassen genetisch verankert, in den meisten Fällen aber unerwünscht. Ein Schritt, dessen Schrittfolge sich in den Pass verschiebt, ist als fehlerhaft zu bezeichnen. Der Übergang von einer nachhängenden Hinterhand bis hin zum Pass ist dabei stets fließend.

Wenn sich ein passiger Schritt zeigt, kann man davon ausgehen, dass das Pferd Probleme im Rücken hat. Diese Probleme können Ver-

Zeigt das Pferd bergab einen passigen Schritt, muss man Rückenprobleme in Betracht ziehen.

spannungen im Rücken sein, aber auch Knochen- und Gelenkprobleme, die dem Pferd Schmerzen verursachen. Das Pferd kann die Rückenmuskulatur nicht mehr ordentlich dehnen und kontrahieren, weil diese verkrampft ist. Somit ist eine ausreichende Bewegung, die ein guter Schritt erfordert, nicht mehr möglich.

Weil viele Pferdebesitzer die Tendenz eines schlechten Schritts ihres Pferdes meist auf Anhieb nicht erkennen können, bleiben ihnen auch die ersten Anzeichen von Rückenproblemen häufig verborgen. Man kann die Passverschiebung aber durch einen einfachen Test verdeutlichen: Hierzu lässt man das Pferd von einem Helfer einen Abhang hinunterführen. Auch wenn das Pferd auf ebenem Boden noch keinerlei oder nur geringe Anzeichen von einem passartigen Schritt zeigt, kann der Schritt beim Bergabgehen deutlich passig werden, wenn das Pferd Schmerzen im Rücken hat.

Aufgrund der fehlenden Schwebephase ist der Schritt eine schreitende Gangart, die äußerst gelenkschonend ist. Deshalb ist der Schritt eine sehr wichtige Gangart für das Training von Pferden.

Weil das Pferd nicht mit Schwung arbeiten kann, muss es viel Muskelkraft einsetzen, um eine Bewegung im Schritt auszuführen. Das kräftigt die gesamte Muskulatur und regt den Kreislauf an. Insbesondere ist das Schritttraining in bergigem Terrain eine gesundheitsfördernde Maßnahme für das Pferd. Es stärkt die Muskulatur, die Sehnen und das Kreislaufsystem bei größtmöglicher Schonung des Gelenkapparates.

Der Reiter empfindet die Gangart Schritt im Training häufig als sehr mühsam, weil er oft viel Treibarbeit leisten muss, um das Pferd zu animieren, über den Krafteinsatz fleißig zu arbeiten. Im Trab und Galopp gelingen viele Übungen leichter, weil die schwungvollen Gangarten weniger Kraftaufwand erfordern. Deshalb versuchen viele Pferde eine Steigung im Trab oder Galopp zu überwinden. Dies fällt ihnen leichter, als sich im Schritt den Berg emporzuarbeiten.

Der Trab dient insbesondere im Dressursport als »Arbeitsgangart«. Der Vorteil ist die schwungvolle Bewegung, die viele Manöver besser gelingen lässt. Allerdings ist der Trab für das wildlebende Pferd le-

Merke
Der Schritt ist die einzige Grundgangart der Pferde ohne Schwebephase.
Das Pferd kann im Schritt daher keinen Schwung entwickeln, weil dieser von der Ausprägung der Schwebephase abhängig ist.

Bergaufreiten im Schritt erfordert großen Kraftaufwand und stärkt somit die Muskulatur des Pferdes.

Beim Jog des Westernpferdes ist die Schwebephase verkürzt.

Das Dressurpferd soll schwungvoll vorwärtsgehen und dabei eine ausgeprägte Schwebephase zeigen. Das Pferd wird im Gegensatz zum Westernpferd in Aufrichtung geritten.

diglich eine Übergangsgangart und kommt in freier Natur relativ selten vor. Die meiste Zeit über bewegt sich das Pferd im Schritt, bei Laufspielen oder in der Flucht kommt nur der Galopp in Frage.

Sehen wir uns die Trabbewegung einmal näher an. Es handelt sich hierbei um einen Zweitakt, bei dem die jeweils diagonal gegenüberliegenden Beinpaare gleichzeitig vorgreifen und auffußen. Zwischen jedem Auffußen erfolgt eine Schwebephase. Der Trab ist dadurch relativ kräfteschonend, wenn das Pferd flach auffußt – also kaum Aktion zeigt – und die Schwebephase nicht übertreibt. Lange Schwebephasen kosten Kraft und jede Bewegung in die Höhe (Aktion) anstatt in die Weite (Raumgriff) ebenso. Somit sind Westernpferde, die einen Kräfte sparenden Jog erlernt haben, oft ausdauernder in dieser Gangart als ihre Kollegen aus dem Dressursport.

Der Jog des Westernpferdes zeichnet sich durch eine flache Fußung und eine verkürzte Schwebephase aus. Diese Gangart ist aber nach wie vor eine reine Trabbewegung. Eine fehlende Schwebephase beispielsweise wäre fehlerhaft und wird als Taktunreinheit gewertet. Ein guter Raumgriff ist aber auch beim Westernpferd erwünscht, weil insbesondere über den Trab ein deutlicher Schub aus der Hinterhand entwickelt werden kann, der das Pferd dazu veranlasst, weit unterzutreten. Dieses weite Untertreten vergrößert den Raumgriff und versetzt das Pferd in die Lage, die entwickelte Schubkraft letztendlich in Tragkraft (Versammlung) umzuwandeln.

Zwar wird der Trab als Zweitaktbewegung beschrieben, wenn man dem Pferd aber genauer auf die Hufe sieht, fußt es meist nicht gleichzeitig auf. In Normalgeschwindigkeit ist dies aber kaum zu erkennen, lässt man den Trab jedoch per Zeitlupe ablaufen, erkennt man häufig ein früheres Auffußen der Vorderbeine. Die Ursache ist meist ein vorhandlastiges Pferd. Dabei läuft das Pferd mit einer zeitlich verzögert auffußenden Hinterhand. Der Vierbeiner lässt die Hinterhand hängen und tritt nicht weit genug unter. Dies kann man nur mit der Aktivierung der Hinterhand über treibende Hilfen korrigieren.

Zur Beurteilung einer guten Trabbewegung nimmt man den Unterarm in Bezug auf die Hinterröhre in Augenschein. Der Unterarmknochen und das hintere Röhrbein sollten beim diagonalen Beinpaar parallel sein, und zwar in der Phase, in der die Röhrbeine des anderen diagonalen Beinpaars senkrecht zum Boden stehen (Übergang Stützbeinphase zur Schubbeinphase).

Um die Trabbewegung zu beurteilen, muss man schon ein geschultes Auge haben. Man kann aber auch auf die Zeitlupe von Videoaufnahmen zurückgreifen, bis man den Bewegungsablauf in Echtzeit einschätzen kann.

Wenn das Pferd in oben beschriebener Phase mit der Hinterröhre flacher ist, kann man von einer inaktiven Hinterhand ausgehen, möglicherweise sogar in Verbindung mit Rückenproblemen. Meist steht diese Situation auch mit einem schlechten Untertritt in Verbindung.

Oft sind Lahmheiten im Schritt und Galopp auch für das geschulte Auge nicht sichtbar. Deshalb ist der Trab stets die Gangart der Wahl, wenn man einer Lahmheit auf den Grund gehen möchte.

Der Galopp ist die dritte Grundgangart des Pferdes. Man unterscheidet den Links- und Rechtsgalopp, je nachdem, welches Beinpaar in der Galoppbewegung weiter vorgreift. Galoppiert jedoch das Pferd vorne im Rechts- und hinten im Linksgalopp (oder umgekehrt), spricht man vom Kreuzgalopp. Diese Galoppform ist fehlerhaft und darum unerwünscht.

Der Galopp ist keine symmetrische Bewegung, darum muss man im Training darauf achten, dass man sowohl den Links- als auch den Rechtsgalopp gleichermaßen fordert. Dies ist die Voraussetzung dafür, dass das Pferd eine einheitliche Belastung erfährt und die Muskulatur harmonisch ausbildet. Die Fußfolge im Galopp sieht im Linksgalopp folgendermaßen aus: Es fußt zuerst das rechte Hinterbein auf, es folgen das linke Hinterbein gleichzeitig mit dem rechten Vorderbein, anschließend trifft der linke Vorderhuf auf dem Boden auf. Zum Schluss folgt die Schwebephase, bevor die Fußfolge von Neuem beginnt. Beim Rechtsgalopp ist die Fußfolge äquivalent: Links hinten – rechts hinten und links vorne gleichzeitig – rechts vorne – Schwebephase.

Beim Galopp erzeugt das Pferd einen enormen Schwung. Dadurch ist auch eine hohe Geschwindigkeit möglich. Rennpferde erreichen ein Tempo von über 60 Stundenkilometern. Für den Beinapparat ist der Galopp allerdings die belastendste Gangart, weil das Pferd dabei neben einer Drei- und Zweibeinstütze auch je Galoppsprung zwei Mal einer Einbeinstütze ausgesetzt ist. Durch den mächtigen Schwung und die Geschwindigkeit wirken sehr große Druck- und Zugkräfte auf den Knochen- und Sehnenapparat des Pferdes ein. Aus diesem Grund ist der Galopp keine empfehlenswerte Trainingsgangart. Andererseits aber muss das Pferd beim Galoppieren im Gegensatz zum Trab seinen Rücken aufwölben, was zu den positiven Aspekten der Gangart zählt. Jedes Pferd kann mit weggedrücktem Rücken wunderbar – und auch schnell – traben. Eine Rückenwölbung im Trab kann man nur in deutlicher Versammlung erreichen, was aber nicht nur eine gute Grundausbildung, sondern bereits ein fortgeschrittenes Ausbildungs- und Trainingsmaß erfordert. Für das Training der Rückenmuskulatur ist deshalb der Galopp unverzichtbar.

Auch die Galoppbewegung ist nicht bei jedem Pferd gleich und lässt sich anhand bestimmter Kriterien beurteilen. Eine gute Galoppbewegung ist gekennzeichnet durch ein weit vorgreifendes Hinterbein der diagonalen Zweibeinstütze. Beim Linksgalopp sollte das linke Hinterbein noch vor der lotrecht gefällten Linie vom Kniegelenk abwärts auftreten. Zudem sollte es minimal früher auftreten als das diagonale Bein – beim Linksgalopp wäre dies das rechte Vorderbein. Das geringfügig früher auffußende Hinterbein ist ein Anzeichen einer aktiven Hinterhand. Bei den meisten Galoppphasen jedoch fußt in Wirklichkeit das diagonale Vorderbein zuerst auf. Dies kann man sogar schon mit bloßem Auge in Echtzeitgeschwindigkeit deutlich erkennen. Ein aktives Nachtreiben der Hinterhand sollte diesen Mangel im Training jedoch beheben.

Aufgrund der Fußfolge stellt sich der Galopp als Dreitaktgangart dar. Es gibt aber durchaus Abweichungen unter anderem, wie soeben beschrieben.

Eine zeitliche Verschiebung des Auffußens der diagonalen Zweibeinstütze im Galopp ist normalerweise fehlerhaft, insbesondere wenn zuerst das Vorderbein auffußt.

Bei Rennpferden jedoch trifft das diagonale Beinpaar, was sehr deutlich zu sehen ist, nicht zeitgleich am Boden auf. Hier fußt der Huf des Hinterbeins zuerst auf, während das diagonale Vorderbein deutlich später den Boden berührt. In diesem Fall spricht man von einem Viertaktgalopp, der als Renngalopp auch als korrekte Form anzusehen ist. Dieser Viertakt kommt im Galopp durch die enorme Streckung des Pferdekörpers zustande.

Eine gute Galoppbewegung zeichnet sich durch ein weit vorgreifendes, inneres Hinterbein aus.

Die Energiebereitstellung für die Muskulatur

Als Reiter eines Pferdes ist man automatisch auch sein Trainer. Der Trainer hat den größten Einfluss auf die Trainingsart, die Trainingsdauer und die Leistungsintensität des Pferdes.

Das Pferd unterwirft sich in der Regel den Forderungen seines Reiters und geht dabei sogar über seine körperliche Belastbarkeit hinaus, wenn der Reiter dies fordert. Somit kann eine falsche Belastung zu Langzeitschäden führen, die das Pferd nicht einmal zu verhindern versucht. Darum hat der Reiter und Pferdebesitzer eine enorme Verantwortung gegenüber seinem vierbeinigen Sport- und Freizeitkameraden, das Training beziehungsweise den Einsatz des Pferdes so zu gestalten, dass es leistungsfördernd anstatt leistungsmindernd oder gar schädigend ist.

Die leistungsbereiten Sportpferde mobilisieren ihre letzten Reserven, wenn der Reiter sie fordert.

Weil sich Pferde dem Menschen geradezu unterwerfen, wird ihre Intelligenz im Vergleich zu anderen Säugetieren als relativ niedrig eingestuft. Die hohe Leistungsbereitschaft des Pferdes wird aber auch als positive Charaktereigenschaft empfunden, die durchaus höhere sportliche Leistungen zur Folge hat. Gute Sportpferde geben für ihren Reiter ihre letzten Reserven.

Damit Überforderungen nicht aus Unwissenheit entstehen, muss sich der Reiter – egal ob er sich freizeitmäßig oder sportlich mit dem Pferd betätigt – mit den Grundlagen der Trainingslehre befassen. Wenn er weiß, welche Abläufe und Stoffwechselprozesse im Körper stattfinden, kann er das Training optimieren. Letztendlich kann sich der Freizeitreiter ein gesundes und fittes Pferd erhalten und der Sportreiter bestmögliche sportliche Leistungen bei Wettbewerben erzielen.

Jede Bewegung und sportliche Leistung ist von der Muskelarbeit abhängig. Die Muskulatur benötigt für ihre Arbeit eine Art »Treibstoff«. Wir kennen verschiedene Energieträger, die hierfür zur Verfügung stehen. Für den Zugriff auf die einzelnen Energiedepots kommt es jedoch darauf an, welche Form von Leistung abverlangt wird. Man unterscheidet die Schnelligkeit des Zugriffs, die Kapazität, die Dauer der Verfügbarkeit und wie ergiebig ein bestimmter Brennstoff ist.

In sehr geringer Menge ist das so genannte Adenosintriphosphat (ATP) in der Muskelzelle gespeichert. ATP ist ein energiereiches Phosphat, welches bei Muskelarbeit gespalten wird. Daraus entstehen das Zerfallsprodukt Adenosindiphosphat (ADP) und anorganische Phosphate. Der ATP-Vorrat ist aber schon nach einigen Sekunden erschöpft, weil die Muskelzellen nur sehr kleine Mengen speichern können, so dass dieses Phosphat ständig neu gebildet werden muss. Wird das ATP-Depot angefordert (beispielsweise wenn das Rennpferd aus der Startbox sprintet), werden Atmung und der Muskelstoffwechsel angeregt. Die chemische Energie ATP wird durch Muskelarbeit in mechanische Energie (Bewegung) und Wärme umgewandelt.

Zur Neubildung des ATP benötigt man jedoch wiederum eine Energiequelle. Da das ATP sehr schnell verbraucht ist, gibt es noch ein zweites energiereiches Phosphat, das so genannte Kreatinphosphat (KP). Dieses kann durch Spaltung ATP generieren und zwar in Verbindung mit Adenosindiphosphat (ADP).

Merke
Das energiereiche Phosphat Adenosintriphosphat (ATP) wird über die Muskelarbeit in Bewegung und Wärme umgewandelt.

Für Ausdauer-zwecke wird der größte Energie-speicher angezapft, die Fettsäuren.

Somit ergibt sich folgende Formel: **KP + ADP = Kreatin + ATP**. Das Kreatinphosphat reicht allerdings auch nur für zehn bis zwanzig Sekunden intensiver Höchstleistung aus, bis dieser Energievorrat erschöpft ist. Nach dieser kurzen Zeitspanne höchster Anstrengung sind die Phosphatdepots ausgeschöpft und das Pferd benötigt an die drei Minuten, um den Kreatinspeicher wieder aufzufüllen. Dies ist aber nur im Ruhezustand möglich. Wenn weitere Arbeitsleistungen abgefordert werden, muss das Pferd auf anderweitige Energiedepots ausweichen. Die energiereichen Phosphate stellen zwar eine Energiemenge zur Verfügung, die sofort höchste Leistungen möglich machen, aber nur für die Dauer von einigen Sekunden . Daraus ist zu schließen, dass es noch andere Energiequellen mit umfangreicherer Kapazität geben muss, denn ein Rennpferd müsste sonst nach etwa 20 Sekunden stehen bleiben.

Als Nächstes holt sich der Körper Energie aus dem in der Muskulatur und zum kleinen Teil auch in der Leber eingelagerten Glykogen. (Glykogen ist die Speicherform von Glukose = Traubenzucker.) Diese Speicherquelle ist abhängig von der Nahrungszufuhr über Kohlenhydrate. Außerdem spielt auch der Trainingszustand eine Rolle, wie viel Glykogen als Energieform für sportliche Leistungen vorhanden ist.

Während die Depots des ATP und KP durch Nahrung oder Training nicht vergrößert werden können, kann man die Speicherdepots von Glykogen und Fetten durchaus beeinflussen. Darum spielt die Fütterung von Sportpferden eine große Rolle für deren Leistungsfähigkeit. Der Speichervorrat von Glykogen erschöpft sich beim Pferd nach gut einer Stunde. Wir wissen aber, dass Pferde sehr viel länger Leistungen vollbringen können, so dass der Energievorrat mit der Glykogen-Umwandlung nicht erschöpft sein kann.

Den größten Energiespeicher stellen nämlich Fette (Fettsäuren) dar, die zwar nicht bei kurzzeitigen Höchstleistungen angezapft werden, dafür aber für Ausdauerzwecke genutzt werden können (insbesondere beim Wanderreit- und Distanzpferd). In äußersten Notfällen stellen auch Eiweiße (Proteine in Form von Aminosäuren) eine zusätzliche Energiequelle dar. Wird diese Energiequelle angezapft, geht dies zu Lasten der Zellen, weil keine Proteinspeicherung möglich ist (Überlastung!).

Auf das Energiedepot der freien Fettsäuren sind insbesondere Wanderreitpferde angewiesen.

Wenn das Pferd über große Distanzen geritten wird, werden hauptsächlich so genannte freie Fettsäuren über die Oxidation verwertet. Der Fettspeicher ist nahezu unbegrenzt gefüllt, so dass der Körper auf dieses Energiereservoir sehr lange zurückgreifen kann. Natürlich bestimmt die Masse des im Körper eingelagerten Fettgewebes, wie lange Fette als Energielieferant zur Verfügung stehen. Um die Fettspeicher anzuzapfen, ist eine langsame Aktivierung wichtig. Damit sind schließlich stundenlange Aktivitäten möglich, allerdings bei nur geringer Intensität. Auf das Energiedepot der freien Fettsäuren sind deshalb insbesondere Wanderreitpferde angewiesen.

Fassen wir zusammen: Der Organismus kann auf verschiedene Energiedepots zurückgreifen, um Muskelarbeit zu leisten. Der Körper kann folgende Energiequellen anzapfen, deren Depots – in der Reihenfolge der Aufzählung – von sehr gering bis fast unerschöpflich aufgefüllt sind: Adenosintriphosphat (ATP), Kreatinphosphat (KP), Glykogen, Fette (Proteine).

Die Energieformen des Körpers

Verfügbarkeit	Energiequelle	Vorrat
Sofort verfügbar	Adenosintriphosphat (ATP)	sehr klein
Sofort verfügbar	Kreatinphosphat (KP)	klein
Zeitlich verzögert	Glykogen (Traubenzucker)	groß
Zeitlich verzögert	Freie Fettsäuren (FFS)	sehr groß
Nur in Notfällen	Proteine (Eiweiß)	groß

Der Stoffwechsel

Über die einzelnen Substanzen kann dem Körper Energie zur Verfügung gestellt werden. Hierzu müssen die Elemente verstoffwechselt werden, was auf verschiedenen Wegen passiert. Zunächst unterscheidet man zwischen dem aeroben und anaeroben Stoffwechsel. Der aerobe Stoffwechsel findet unter Sauerstoffverbrauch statt. Man spricht deshalb auch von einer oxidativen Energiebereitstellung. Der Körper verbrennt dabei Kohlenhydrate (genauer gesagt Glukose, also Traubenzucker) und Fettsäuren. Hierbei entstehen Kohlendioxid (CO_2) und Wasser (H_2O) unter Bildung von ATP.

Über die aerobe Energiebereitstellung kann man über einen langen Zeitraum eine sportliche Leistung erbringen, weil die Energieanforderung über die Atmung in Verbindung mit Glykogen oder Fettsäuren fortlaufend gedeckt werden kann. Hierzu darf aber die Intensität der Belastung ein gewisses Maß nicht überschreiten, weil ansonsten die Sauerstoffzufuhr nicht mehr ausreicht. An dieser Stelle geht der Stoffwechsel dann in den anaeroben Bereich über, bei der ATP und KP ohne Sauerstoffverbrauch abgebaut wird oder eine unvollständige Glukoseverbrennung mit anfallendem Laktat stattfindet.

In den meisten Reitsportdisziplinen arbeitet das Pferd im anaeroben Bereich. Insbesondere sind hierbei das Wanderreiten, Distanzreiten und das Dressurreiten zu nennen. Allerdings kann es bei allen Disziplinen zu Leistungsspitzen kommen, so dass ein kurzzeitiger Übergang in den anaeroben Bereich durchaus realistisch ist. Beim Wander- und Distanzreiten oder bei einem normalen Stundenausritt kann dies bei einem starken Geländeanstieg der Fall sein, beim Dressurpferd hingegen bei einer Kräfte raubenden Lektion wie beispielsweise einer Pirouette.

Im anaeroben Bereich kann eine Arbeitsleistung nur über einen kurzen Zeitraum aufrechterhalten werden. Ein Rennpferd, das kurze Distanzen läuft, wird in seiner Höchstgeschwindigkeit geritten, die es jedoch nicht sehr lange aufrechterhalten kann. Bei dieser Energiegewinnung ohne Sauerstoff (das Pferd kommt außer Atem und geht eine Sauerstoffschuld ein) werden die Phosphate ATP und KP gespalten. Wenn der Vorrat verbraucht ist, wird der Organismus müde, das Lauftempo langsamer und die Kraft lässt nach. Im anaeroben Bereich kann die Energie auch über die unvollständige Verbrennung von Glukose stattfinden, bei der dann Laktat gebildet wird.

Das Laktat ist das Salz der Milchsäure, und ist ein Gradmesser dafür, wann der Übergang vom aeroben zum anaeroben Bereich stattfindet. Beim Menschen wird eine Laktatmenge von 2 bis 4 mmol pro Liter im Blut als Übergang vom aeroben zum anaeroben Bereich angegeben. Beim Pferd gibt es hierfür keine genauen Werte, weil diese zum einen stark schwanken und von vielerlei Faktoren abhängig sind.

Aerob und anaerob
Kann die benötigte Energie mittels Sauerstoffzufuhr gedeckt werden, spricht man vom aeroben Stoffwechsel. Entsteht eine Sauerstoffschuld aufgrund intensiver Leistungsanforderung, können nur kurzzeitige Leistungen über den anaeroben Stoffwechsel unter einer Sauerstoffschuld erbracht werden.

Wenn die Kapazität des aeroben Stoffwechsels aufgrund der Intensität der Leistung nicht mehr ausreicht (das Geländepferd klettert einen Anstieg hoch), wechselt der Körper in den anaeroben Stoffwechselbereich, bei der ein deutlicher Milchsäureanstieg zu verzeichnen ist. Wenn die Anforderung einen längeren Zeitraum in Anspruch nimmt, übersäuert die Muskulatur, was sich durch ein »Muskelbrennen« bemerkbar macht. Ein deutlicher Leistungsabfall ist die Folge. Man muss also die Arbeitsleistung wieder zurückfahren, weil das Pferd sonst erschöpft aufgeben muss.

Um zu erkennen, wann das Pferd oder der Sportler in den anaeroben Bereich wechselt, kann eine Blutentnahme während des Trainings mit der Ermittlung des Laktatwertes helfen. Das kann der normale Pferdebesitzer aber nicht selbst machen, deshalb muss man sich anderer Wege bedienen. Im Pferdesport arbeiten viele Reiter immer noch nach »Gefühl«. Sicherlich bekommt man im Laufe der Zeit die Erfahrung, in welchem Tempo beispielsweise Renn-, Trabrenn- oder Distanzpferde zu reiten/fahren sind, um einen Trainingseffekt zu erzielen. Dieses Gefühl kann jedoch sehr trügerisch sein und ein optimiertes Training ist sicherlich nicht möglich.

Erfahrene Trainer haben ein Gefühl dafür, in welchem Tempo sie trainieren müssen, um eine Leistungssteigerung zu erreichen.

Um mit möglichst geringem Aufwand einen größtmöglichen Trainingseffekt zu erzielen, sollte man den Stoffwechsel zumindest annähernd im Auge behalten können. Hierzu gibt es neben der Laktatmessung auch noch andere Möglichkeiten, wie die Überwachung der Herzfrequenz (s. S. 156). Der Mensch beispielsweise arbeitet im gesunden aeroben Bereich, wenn sich seine Herzfrequenz (HF) bei etwa 140 Schlägen einpendelt. Je besser ein Athlet trainiert ist, desto mehr Leistung kann er bei einer HF von 140 erbringen. Langstreckenläufer achten penibelst darauf, dass sie ihren Puls nicht über die anaerobe Schwelle treiben, weil sie sonst frühzeitig erschöpft sind.

Man arbeitet im aeroben Bereich, wenn man – banal gesagt – nicht außer Atem kommt. Alle Ausdauersportarten werden im aeroben Stoffwechselbereich unter Verbrennung von Kohlenhydraten und Fettsäuren absolviert. Hierzu gehören das Schwimmen, Joggen, Wandern, Radfahren oder das moderne Nordic Walking. Auf das Pferd übertragen gehören die Disziplinen Wanderreiten, Dressurreiten, Distanzreiten, aber auch in gewissem Maße das Springreiten zu den Ausdauerreitdisziplinen. Rennbahnstrecken – sofern es sich nicht um Langstrecken handelt – muss der Vierbeiner in der Regel im anaeroben Stoffwechsel absolvieren. Auch das Reiningpferd kann innerhalb einer Prüfungsaufgabe auf den anaeroben Stoffwechsel angewiesen sein. Die Pferde gehen in einer Reiningprüfung sehr hohe Geschwindigkeiten und führen Manöver aus, die extrem viel Kraft erfordern. Diese Anforderungen machen den Wechsel in den anaeroben Energiegewinnungsbereich notwendig. Kein Wunder, dass manche Pferde nach einer Reiningprüfung ausgepowert sind. Verständlicher wird die hohe Leistungsanforderung in bestimmten Disziplinen auch noch, wenn man sich vor Augen führt, dass der Kraftaufwand unter 15 Prozent der größtmöglichen Muskelkraft liegen muss, damit man im aeroben Bereich arbeiten kann. Im Bereich zwischen 15 und 50 Prozent Kraftaufwand bewegt sich das Pferd im Schwellenbereich zwischen aerob und anaerob. Bei einem Kraftaufwand von über 50 Prozent befindet sich der Organismus im anaeroben Bereich.

Die aerobe Schwelle ist also relativ niedrig anzusiedeln. Viele Freizeitjogger machen den Fehler, dass sie zu schnell laufen und dann irgendwann einfach außer Atem kommen. Sie müssen deshalb Gehpau-

Die meisten Lektionen kann auch das Reiningpferd im aeroben Stoffwechsel absolvieren, doch gibt es Manöver wie beispielsweise den Spin, der sehr viel Kraft erfordert und nur im anaeroben Stoffwechsel ausgeführt werden kann.

Merke

Nur bei einem Kraftaufwand von bis zu 15 Prozent der maximalen Muskelkraft arbeitet das Pferd im aeroben Bereich.

sen einlegen. Zum einen frustriert das ziemlich, zum anderen erzielt man nicht den gewünschten Trainingseffekt. Der Reiter spürt die Belastung, derer sein Pferd ausgesetzt ist, zudem nicht am eigenen Körper. Somit ist es noch viel schwieriger, die richtige Trainingsintensität zu »erraten«. Deshalb werden viele (auch Freizeit-) Pferde häufig unwissentlich überfordert. Eine Überforderung zieht nicht nur mögliche Verletzungen nach sich, sondern verringert auch die Leistung und beeinträchtigt die Gesundheit im Allgemeinen. Zu viel des Trainings ist also ebenso ungünstig wie gar kein oder ein zu schwaches Training.

Natürlich ist auch ein Training im anaeroben Bereich für bestimmte Disziplinen sinnvoll. Hierbei ist es hilfreich, das jeweilige Trainingsprogramm mit Hilfe der Laktatwerte zu gestalten. Dies ist sicherlich nur in professionellen Trainings- und Rennställen möglich, aber auch notwendig, um einer Überforderung vorzubeugen. Bei jeder körperlichen Leistung, für die eine Sauerstoffschuld eingegangen werden muss (das Pferd kommt außer Atem), bildet sich Laktat aufgrund der unvollständigen Verbrennung von Glukose. Die Herzfrequenz ist sehr hoch und die Muskeln übersäuern. Über die Kontrolle, wie viel Laktat im Blut vorhanden ist, kann man bestimmen, in welchem Pulsbereich man das Pferd arbeiten muss, um im aeroben Bereich zu bleiben. Diese Grenze kann sich aber je nach Trainingszustand verschieben, so dass Kontrollen von Zeit zu Zeit immer wieder durchgeführt werden sollten.

In der Zusammenfassung kennen wir also vier verschiedene Formen der Energiebereitstellung mit unterschiedlichen Stoffwechselprozessen:

1. Die Spaltung von energiereichen Phosphaten: Adenosintriphosphat (ATP) und Kreatinphosphat (KP)

Dieser Prozess findet anaerob (ohne Sauerstoff) und alaktazid (ohne Laktatbildung) statt. Die Stoffwechselformel hierzu lautet: Kreatinphosphat (KP) + Adenosindiphosphat (ADP) = Kreatin (Kr) + Adenosintriphosphat (ATP).

2. Unvollständige Glykogen-Verbrennung

Dieser Prozess findet anaerob und laktazid (mit Laktatbildung) statt (anaerobe Glykolyse = unvollständige Glukose-Verbrennung mit Laktatbildung). In der Formel: Glykogen (Kohlenhydrate in Form von Traubenzucker/Glukose) = Laktat + Adenosintriphosphat (ATP).

3. Vollständige Glykogen-Verbrennung (Glykolyse)

Dieser Prozess läuft aerob (oxidativ) und alaktazid ab. Hier findet eine vollständige Glukoseverbrennung in Verbindung mit Sauerstoff statt. In der Formel: Glucose (Glykogen) + Sauerstoff (O_2) = Kohlendioxid (CO_2) + Wasser (H_2O) + Adenosintriphosphat (ATP).

4. Verbrennen von freien Fettsäuren (Lipolyse)

Dieser Prozess ist aerob (oxidativ) und alaktazid (ohne Laktatbildung). Es findet eine Oxidation von freien Fettsäuren statt: Freie Fettsäuren (FFS) + Sauerstoff (O_2) = Kohlendioxid (CO_2) + Wasser (H_2O) + Adenosintriphosphat (ATP).

Die einzelnen Depots werden je nach Belastung und Dauer der körperlichen Anstrengung angezapft. Dabei geht der Körper nicht abrupt von einem Stoffwechselprozess in den nächsten über, wenn die Belastung sich ändert. Die Prozesse laufen eher parallel mit fließenden Übergängen ab. Dies geschieht insbesondere bei intensiven Ausdauerbelastungen, bei der sowohl die anaerobe als auch die aerobe Glykolyse stattfindet.

Damit eine Übersäuerung der Muskulatur verhindert werden kann, müssen sich dabei die Laktatbildung (anaerob) und der Laktatabbau (aerob) die Waage halten. Dieser Vorgang wird auch als »Schwellenleistung« bezeichnet, weil sich das Pferd bei diesem Leistungsniveau genau an der Grenze zwischen aerobem und anaerobem Stoffwechselprozess befindet. An dieser Grenze erbringen die Pferde die größtmögliche Ausdauerleistung.

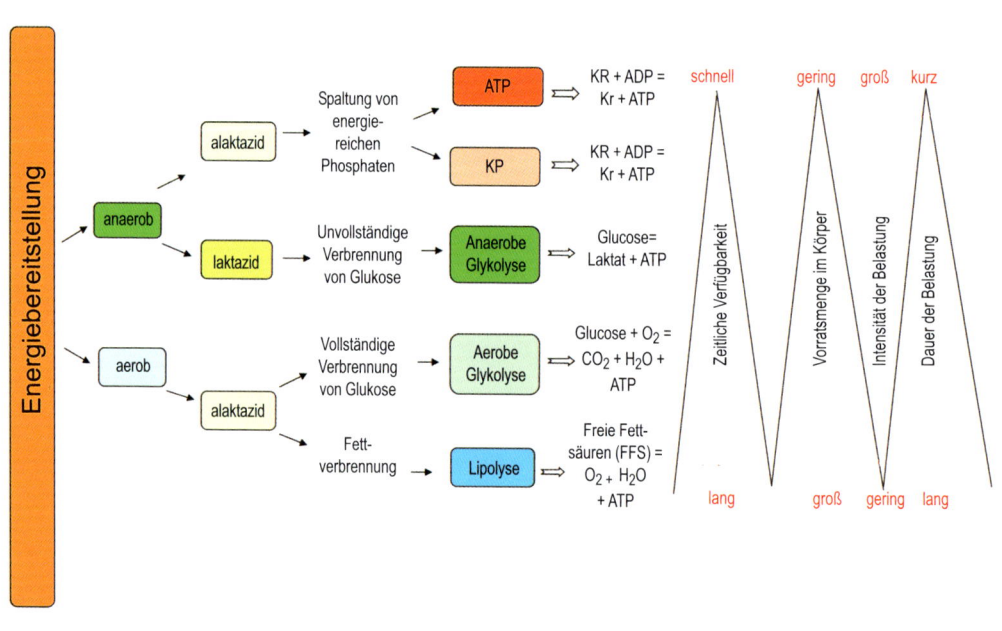

An der Grenze zwischen aerorbem und anaerobem Stoffwechsel kann das Pferd die größtmögliche Ausdauerleistung erbringen.

Trainingsreize

Die Trainingsintensität und -dauer sind für die Stoffwechselgeschehen im Körper von entscheidender Bedeutung. Dies beeinflusst den Aufbau des Trainings natürlich deutlich. Für den Reiter stellt sich zunächst die Frage nach dem Ziel seines Trainings, das wiederum disziplinabhängig ist. Klar unterscheiden kann man zunächst in Ausdauerdisziplinen, die im aeroben Bereich ablaufen und Kraft- und Schnelligkeitsdisziplinen, welche sich in der Regel im anaeroben Bereich abspielen.

Es genügt jedoch nicht, in dem Stoffwechselbereich zu trainieren, welche die jeweilige Disziplin im Wettkampf erfordert. Vielmehr steht das Pferd im Wettkampf unter einer viel intensiveren Belastung als im Training. Daraus ist zu schließen, dass geringere Belastungen, als diese im Wettkampf gefordert sind, durchaus einen Trainingseffekt haben. Höhere Intensivbelastungen sind letztendlich im Wettkampf möglich. Würde man auch im Training wettkampfmäßige Leistungen abfordern, wäre das Pferd schnell überlastet und die Leistungsfähigkeit würde rapide sinken.

Das Pferd befindet sich in einer Stoffwechselbalance, die durch das Abfordern einer Leistung (z.B. Training) gestört wird. In Folge davon passt sich der Körper den Anforderungen an.

Merke
Bei richtig angepassten Trainingsreizen wird das Immunsystem stabilisiert.

Unter Training versteht man einen Anpassungsvorgang an bestimmte Belastungen. Hierfür muss der Organismus gezielten Reizen ausgesetzt werden, damit eine solche Anpassung stattfinden kann. Diese so genannten Trainingsreize müssen aber auch in der richtigen Intensität erfolgen, um eine Leistungssteigerung zu bewirken.

Der Körper befindet sich in einer Stoffwechselbalance, die durch äußere Einflüsse wie beispielsweise auch das Training gestört wird. Krankheiten oder Verletzungen sind ebenfalls einflussreiche, aber negative Störungen, die den Organismus auch langfristig schädigen können. Das gezielte und in der richtigen Intensität durchgeführte Training hat aber eine positive Auswirkung auf den Körper. Aufgrund einer höheren Belastung, die der Körper ausgleichen muss, erfolgt eine Anpassung in Form einer Stärkung des Organismus. Somit ist ein trainierter Körper in Folge davon widerstandsfähiger gegen Krankheitserreger und insgesamt stärker, um höhere Belastungen auszuhalten. Die Leistungsfähigkeit steigt und die Verletzungsanfälligkeit sinkt. Durchtrainierte Pferde sind darum immer auch gesünder, während nicht oder ungenügend trainierte Pferde deutlich anfälliger für Krankheiten sind. Da die allgemeine Widerstandsfähigkeit bei einem trainierten Pferd steigt, kann dieses Pferd beispielsweise nasskalte Schlechtwetterperioden viel besser verkraften als ein schwaches, untrainiertes Tier.

Um eine Leistungssteigerung beziehungsweise Stärkung zu erreichen, müssen die jeweiligen Trainingsreize richtig angepasst sein. Zu schwache, unterschwellige Reize bleiben wirkungslos und haben einen Leistungsabfall zur Folge. Erhaltungsreize, die eine etwas höhere Intensität haben, wirken anregend und sind in der Lage, den erlangten Trainingszustand auf diesem Niveau zu halten. Überschwellige Reize steigern die Leistungsfähigkeit und sind deshalb für jedes Training anzustreben. Eine Überreizung hingegen wirkt schädigend

Gesetzmäßigkeiten der Trainingsreize

Unterschwellige Reize:	*wirkungslos, Leistungsabfall*
Erhaltungsreize:	*anregend, erhalten Leistungsniveau*
Überschwellige Reize:	*passen an, wirken leistungssteigernd*
Überreizung:	*schädigen, Verletzungen, Überlastung*

auf den Organismus, überlastet ihn oder ruft Verletzungen hervor. Der jeweilige Trainingsreiz muss also so dosiert werden, dass dieser eine Anpassungsreaktion des Körpers hervorruft. Dieser überschwellige Reiz ist jedoch nicht in einer einzigen Belastungsintensität auszudrücken, weil er sich nach dem Trainingszustand des jeweiligen Pferdes richten muss.

Für ein untrainiertes Pferd kann ein geringer Reiz – beispielsweise einige Gymnastiksprünge über Cavaletti – bereits überschwellig sein und einen Anpassungsvorgang auslösen. Für ein Springpferd, das ständig im Training ist und wöchentlich auf Turnieren ganze Springparcours absolviert, sind die Cavalettisprünge ein zu schwacher Reiz, um die Leistungsfähigkeit zu steigern. Für das untrainierte Pferd könnten aber höhere Sprünge, die es in einer Trainingseinheit immer wieder absolvieren muss, zu einer Überreizung führen. Die Folge davon wären Verletzungen und Überforderung des Organismus, die sich in verschiedenen Symptomen zeigen kann (siehe S. 116). Es liegt deshalb am Reiter und Trainer, die optimale Reizsetzung für sein Pferd zu finden.

Wie kann man nun den richtigen Trainingsreiz finden? Die meisten Reiter trainieren ihre Pferde nach Gefühl. Erfahrene Trainer können hiermit durchaus Erfolg haben, weil sie aus ihrer langen Erfahrung schöpfen, dennoch ist ein überwachtes, kontrolliertes Training sinnvoller. Der Trainingsreiz kann damit optimal entwickelt werden. Man spart sich dadurch Trainingszeit und geht kein Risiko eines nutzlosen Trainings oder eines schädigenden Übertrainings ein. Für Sportpferde empfiehlt sich deshalb eine Trainingsüberwachung mittels einer Leistungsdiagnostik. Für Renn- und Distanzpferde bietet sich hier das Laufband an, mit dessen Hilfe man alle Körperfunktionen gut überwachen, die Laktatwerte ermitteln und damit die optimale Trainingslaufgeschwindigkeit einstellen kann.

Die Höhe der Trainingssprünge muss dem jeweiligen Leistungsniveau des Pferdes angepasst sein. Hindernisse, die an die Leistungsgrenze des Pferdes stoßen, können zu einer Überreizung führen.

Die Trainingskontrolle muss in gewissen Zeitabständen wiederholt durchgeführt werden, weil Leistungssteigerungen höhere Trainingsreize erfordern. Reitet man täglich dieselbe Strecke in gleichem Tempo, erzielt man zwar eine Leistungssteigerung, um diese Strecke optimal bewältigen zu können. Ist der Körper aber auf diesen Trainingsreiz angepasst, erfolgt keine weitere Leistungssteigerung mehr. Das Training fällt auf den Erhaltungsreiz zurück. Zu schnell gesteigerte Trainingsreize führen aber auch rasch zu einer Überreizung. Damit erreicht man keine Leistungssteigerung, das Gegenteil ist der Fall. Übertraining, das sich meistens aus zu kurzen Erholungsphasen ergibt, führt sogar zu einem Leistungsabfall.

Der Körper passt sich relativ schnell den Trainingsreizen an. Die einzelnen Körpersysteme haben aber eine unterschiedliche Anpassungsgeschwindigkeit, die im Training unbedingt berücksichtigt werden müssen. Die Leistungsfähigkeit steigt zu Anfang des Trainings relativ schnell. Die Leistungskurve allerdings bleibt nicht kontinuierlich linear, sondern schwächt sich immer mehr ab. Bei untrainierten Pferden kann man darum recht schnell eine Leistungssteigerung verzeichnen, während bei trainierten Pferden eine Steigerung immer langsamer vonstatten geht, bis die Leistung letztendlich nur noch erhalten werden kann.

Am schnellsten stellt sich das vegetative Nervensystem auf eine Belastung ein. Gleich danach schließt sich das Herz-Kreislauf-System an. Es folgt in der zeitlichen Reihenfolge die Muskulatur, schließlich die

Sehnen und Bänder, gefolgt von den Gelenken und ganz zum Schluss die Knochen. Die zeitliche Anpassung erstreckt sich von einigen Tagen (Nervensystem) über Wochen (Herz-Kreislauf-System, Muskulatur) bis hin zu mehreren Monaten (Sehnen, Bänder) und Jahren (Gelenke, Knochen). Durch die Anpassung wird das Immunsystem gestärkt, der Herzmuskel wird größer und kräftiger, die Blutmenge nimmt zu, die Sauerstoffaufnahme wird erhöht, die Kapillaren vermehren sich und die Gehirntätigkeit steigt an.

Um eine Anpassung herbeizuführen, muss ein immer wiederkehrender Trainingsreiz (überschwelliger Reiz) auf den Organismus einwirken. Das Training muss also mit einer gewissen Regelmäßigkeit erfolgen. Am besten kann man den Trainingseffekt an der Muskulatur erkennen. Bei regelmäßiger Beanspruchung nimmt der Muskel an Volumen zu (Hypertrophie). Bleibt der Trainingsreiz aber aus oder sind zu große Pausen zwischen den einzelnen Trainingseinheiten, schrumpft die Muskulatur (Atrophie).

Der Trainingseffekt ist auch am Volumen der Muskulatur zu erkennen, die bei regelmäßiger und moderater Beanspruchung zunimmt.

Die Superkompensation

Die Leistungssteigerung erfolgt durch die Anpassung der Körpersysteme an die Belastung. Diese Trainingswirkung nennt man Superkompensation: Durch die Trainingsbelastung tritt eine Ermüdung ein, wodurch die Leistungsfähigkeit sinkt. Nach Beendigung des Trainings kann sich der Körper erholen, wodurch man wieder den ursprünglichen Ausgangspunkt der Leistungsfähigkeit zurückerlangen kann. Aufgrund des Anpassungsprinzips des Körpers verschiebt sich der Ausgangspunkt der Leistungsfähigkeit nach oben. Das bedeutet eine erhöhte Leistungsfähigkeit, also eine Leistungssteigerung (Superkompensation). Wenn ein erneuter Trainingsreiz in dieser Phase einsetzt, geht man von einem höheren Leistungsniveau in die Belastung. Dies bedeutet, dass der Körper bereits etwas leistungsfähiger ist als vor dem vorausgegangenen Training.

Der Körper ermüdet wieder, nach Belastung erfolgt die Erholungsphase, die den Sportler aufgrund der Anpassung wiederum auf ein höheres Leistungsniveau bringt. Auf diese Weise schaukelt sich die Leistungssteigerung quasi auf und der Trainingszustand verbessert sich von Training zu Training.

Fehlen aber neue Belastungsreize nach der Erholungsphase, sinkt die Superkompensation ab, bis die Leistungsfähigkeit das Ausgangsniveau erreicht hat. Auch hier kann man von einer Anpassung sprechen, denn der Körper passt sich an die fehlende Belastung an. Die Leistungsfähigkeit fällt auch ab, wenn die Trainingsreize zu früh einsetzen, und zwar in der Phase, in der die Erholung noch nicht abgeschlossen ist. Daraus ist zu schließen, dass sowohl zu lange als auch zu kurze Pausen immer eine fehlende Superkompensation nach sich ziehen oder sogar einen Leistungsabfall zur Folge haben.

Es ist darum nicht nur von entscheidender Bedeutung für ein leistungssteigerndes Training, die Intensität der Belastungsreize auf das Leistungsniveau abzustimmen, sondern auch den zeitlichen Rahmen. Will man ein Pferd für einen Orientierungsritt, bei dem ein etwa dreistündiger Geländeritt absolviert werden muss, fit machen, kann ein abruptes Einsetzen des Trainings von täglich einer bis zwei Stunden intensiver Belastung dazu führen, dass das Pferd keine Kondition aufbaut, weil die Belastungen für ein untrainiertes Pferd zu hoch und die Erholungsphasen zu kurz sind – ganz zu schweigen vom gesundheitlichen Risiko (Kreuzverschlag).

Es empfiehlt sich vielmehr, anfangs eine halbe Stunde täglich, vorerst nur im Schritt, nach zwei Wochen auch in mäßigem Trab und Galopp zu reiten, wobei die schnellen Gangarten etwa zehn Prozent der Reitzeit in Anspruch nehmen sollten.

Ab der dritten Woche kann man die Reitzeit auf eine Stunde und schließlich länger ausdehnen. Nach frühestens acht bis zehn Wochen ist das Pferd schließlich für einen dreistündigen Geländeritt (bei dem allerdings nicht auf Zeit geritten wird) fit.

Die Intensität der Belastungsreize muss auf das Leistungsniveau des jeweiligen Pferdes abgestimmt werden, um eine Leistungssteigerung herbeizuführen.

Trainingsprinzipien

Um eine optimale Trainingswirkung zu erzielen, müssen die Trainingsreize zum richtigen Zeitpunkt, in der effektiven Intensität und in gezielten Abständen einwirken. Die Beanspruchung muss außerdem auf die Art des Trainings beziehungsweise des Trainingsziels ausgerichtet werden.

Dabei ist es von Bedeutung, ob bei der jeweiligen Trainingsdisziplin hauptsächlich Ausdauer, Kraft oder Schnelligkeit erforderlich ist. Dies beeinflusst den Trainingsplan ganz erheblich, denn umfangreiches Ausdauertraining steigert nicht unbedingt die notwendige Kraft für schnelle Sprints oder hohe Sprünge. Die Trainingsinhalte müssen also auf die jeweiligen Beanspruchungsformen ausgerichtet sein. Wenn in einer Disziplin Schnelligkeit gefordert ist (Rennen), wäre es nicht sinnvoll, ein lang angelegtes Ausdauertraining durchzuführen. Vielmehr ist das Training auf Sprints auszulegen, um die Schnellkraft zu trainieren und zu verbessern.

Das Trainingsziel beeinflusst sowohl die Methode als auch die Gestaltung der Trainingsreize. Häufig ist eine allmählich ansteigende Belastung sinnvoll. In bestimmten Fällen ist eine sprunghafte Belastungssteigerung möglich.

All diese Aspekte sind Prinzipien des Trainings, die als übergeordnete Trainingsanweisungen zu verstehen sind. Die Trainingsprinzipien gelten für alle Arten des Sports (Disziplinen) und gleichermaßen für Mensch und Pferd. An den Trainingsprinzipien sollte man seine Trainingsmethoden und seinen Trainingsplan ausrichten, um letztendlich positive Ergebnisse zu erzielen. Es werden unterschiedliche Trainingsprinzipien angeführt, welche für das Pferdetraining ebenso wichtig sind wie für die Fitness des Reiters.

Die Prinzipien wurden nach wissenschaftlichen Trainingserkenntnissen aufgestellt, werden aber auch durch die Erfahrungswerte aus der Trainingspraxis ergänzt. Dies ist deshalb notwendig und wichtig, weil jeder Sportler individuelle Voraussetzungen ins Training mitbringt. Diese sind beeinflusst vom Gesundheitszustand, dem Alter, der genetischen Disposition (zum Beispiel der Rassetyp beim Pferd, aus trainingstechnischer Sicht unter anderem insbesondere auch der Art der Muskelfasern), der Ernährung, der psychischen Verfassung, den Umwelteinflüssen und anderer (persönlicher) Faktoren.

Prinzipien für das Training

Die Trainingsmethoden und -pläne sollte man stets nach den Trainingsprinzipien ausrichten, die für ein erfolgreiches Training verantwortlich sind.

Beispiele für Trainingsprinzipien sind:

- *Das Prinzip der trainingswirksamen Belastungen*
- *Das Prinzip der progressiven Belastungen*
- *Das Prinzip der Zyklisierung des Trainings*
- *Das Prinzip der Variationen der Trainingsbelastung*
- *Das Prinzip der Kontinuität*
- *Das Prinzip der optimalen Relation von Belastung und Erholung*
- *Das Prinzip der Belastungsfolge und richtiger Kombination*
- *Das Prinzip der Gesundheits- und Entwicklungsförderung*

Bei untrainierten Weidepferden müssen die Reize zunächst sehr niedrig angesetzt werden, um keine Überforderung herbeizuführen.

Beim Prinzip der trainingswirksamen Belastungen bilden die Trainingsreizgesetze die Basis. Ein Trainingsreiz muss eine gewisse Intensitätsschwelle überschreiten, um wirksam zu sein. Zu schwache Reize sind wirkungslos, zu starke Trainingsreize hingegen können schädigend sein. Der Trainingsreiz muss im überschwelligen Bereich liegen, um eine Anpassungsreaktion im Körper auszulösen. Wo die Belastungsschwelle anzusiedeln ist, hängt vom Trainingszustand des Pferdes ab. Bei untrainierten Weidepferden bedeutet ein einstündiger Ausritt im Schritt bereits einen überschwelligen Reiz, während diese Trainingsbelastung für ein im Training stehendes Vielseitigkeitspferd ein unterschwelliger Reiz und somit als Erholung angesehen werden kann.

Der Trainingsreiz muss demnach mit zunehmender Fitness gesteigert werden, damit stets ein überschwelliger Reiz auf das Pferd einwirkt und das Training eine Leistungssteigerung zur Folge hat. Hier spricht man vom Prinzip der **progressiven Trainingsbelastung**. Wenn ein erhöhter Trainingszustand erreicht worden ist, muss der Trainingsreiz auch stärker ausfallen, um eine weitere Steigerung zu erreichen (Superkompensation).

Reize, die für ein untrainiertes Pferd schon eine Überreizung darstellen können, sind dagegen für ein durchtrainiertes Vielseitigkeitspferd zu schwach, um noch einen Trainingseffekt zu erzielen.

Die ansteigende Trainingsbelastung ist nicht nur für einige Trainingseinheiten gültig, sondern muss sich über eine wesentlich größere Zeitspanne ziehen. Ein Trainingsprozess verläuft nicht über wenige Tage oder Wochen, sondern dauert – je nach Zielsetzung – mehrere Jahre. Dabei soll das Training nach dem **Prinzip der Zyklisierung** in mehrere größere Abschnitte unterteilt werden. Innerhalb eines Jahres werden insbesondere die Perioden des Grundlagen-, Aufbau- und Leistungstrainings unterschieden. Dabei fällt unter das Grundlagen- und

Aufbautraining die Vorbereitungsphase, während das Leistungstraining die Wettkampfperiode darstellt. Danach erfolgt die Übergangsphase, die im Pferdesport in der Regel in die Winterzeit gelegt ist, bis im Frühjahr mit dem erneuten Trainingszyklus begonnen wird.

Der Hintergrund dieser Periodisierung ist nicht nur die Tatsache, dass die Turniere und Wettkämpfe im Pferdesport in erster Linie über die Sommermonate stattfinden, sondern auch die Unmöglichkeit, ein Pferd über einen langen Zeitraum hinweg auf einer hundertprozentigen Leistungsfähigkeit zu halten. Der Versuch, ein Pferd auf seiner höchsten Leistungsstufe zu halten, würde zu einer Überforderung führen, welche letztendlich einen unweigerlichen Leistungsabfall zur Folge hätte.

Ein weiteres Trainingsprinzip ist die **Variation der Trainingsbelastung**. Ein monotones Training, bei dem in jeder Trainingseinheit dieselbe Trainingsstrecke mit den gleichen Belastungen absolviert werden würde, wäre zwar anfänglich durchaus leistungssteigernd, im fortlaufenden Trainingsprozess jedoch leistungsbegrenzend. Um einer Stagnation der Leistungsfähigkeit vorzubeugen, müssen nicht nur die Intensität der Trainingsbelastung variiert werden, sondern insbesondere auch die Trainingsinhalte. Andere Bewegungsformen, Pausengestaltungen und allgemeine Trainingsmethoden sind hierbei zu berücksichtigen. Das Training soll nicht nur aus der körperlichen Situation heraus abwechslungsreich gestaltet werden, sondern auch aus psychischen Gesichtspunkten. Ein ideenreich gestaltetes Training fördert die Motivation und steigert so spürbar die Leistungsfähigkeit.

Dies ist ganz besonders für den Hochleistungssport wichtig, weil durch die Spezialisierung der Pferde auf bestimmte Disziplinen eine große Variation von Belastungskomponenten und -inhalten sowieso nicht mehr gegeben ist. Umso wichtiger ist es, mit Reiningpferden auch mal einen Trailparcours zu absolvieren und beim Training von Dressurpferden eine Springgymnastikreihe einzubauen.

Der Ausritt ins Gelände erfährt über dieses Hintergrundwissen außerdem wieder einen bedeutenderen Stellenwert im Training des Turnierpferdes. Dabei muss der Ausritt nicht als erholendes Element in das Training einfließen, sondern kann durchaus ein Mittel zum leistungssteigernden Training sein, wenn man in der Lage ist, den Aus-

ritt mit entsprechenden Inhalten (Kletterstellen, Wasserdurchritte, Galoppstrecken, Baumstämme etc.) zu füllen.

Neben einem variantenreichen Training muss der Trainingsplan aber auch immer wiederholende Komponenten beinhalten.

Für den Erhalt der Motivation sowie eine ausgeglichene Belastung ist ein abwechslungsreiches Training wichtig. Ein Reiningpferd auch im Trail zu schulen, ist eine Möglichkeit, für Abwechslung im Trainingsalltag zu sorgen.

Man spricht dabei vom **Trainingsprinzip der Kontinuität** (Wiederholung und Dauerhaftigkeit). Ein einmaliges Training bestimmter Bewegungsabläufe löst noch keine Anpassung des Körpers aus. Vielmehr kann eine optimale Anpassung und somit Leistungsfähigkeit erreicht werden, wenn das Training kontinuierlich durchgeführt wird. Der Körper muss zuerst eine Reihe von Umstellungsprozessen durchlaufen, bis eine stabile Anpassung an die geforderte Leistung erreicht ist. Die Anpassungszeit erstreckt sich zum Teil über mehrere Jahre.

Ein weiteres Trainingsprinzip sieht die richtige **Relation von Belastung und Erholungsphase** vor. Zum Training gehört nicht nur die Belastung, sondern auch die Erholungsphase, die in ihrer Form und

Der Ausritt ins Gelände erfährt im Hinblick auf die vielseitige Ausbildung des Pferdes einen großen Stellenwert für das Training eines Turnierpferdes.

Dauer der jeweiligen Trainingsbelastung angepasst werden muss.

Hier greift wieder das Schema der Superkompensation, bei dem nach einer Trainingsbelastung zuerst eine Ermüdung und somit ein Leistungsabfall eintritt. Nach der Erholungsphase erreicht der Körper das Ausgangsniveau seiner Leistungsfähigkeit nicht nur, sondern übersteigt es sogar. Die Leistungskurve sinkt aber wieder auf das ursprüngliche Leistungsniveau ab, wenn nicht ein neuer Trainingsreiz – bevorzugt an der höchsten Stelle der Leistungsfähigkeit – gesetzt wird. Dauert die Erholungsphase zu lange an, beginnt man trainingstechnisch wieder am Nullpunkt. Wird eine zu kurze Pause eingelegt, kann es zu einer Leistungsminderung kommen, wenn das Ausgangsniveau über die Erholung nicht wieder erreicht worden ist. Eine Leistungssteigerung ist nur in der Phase der Superkompensation möglich, also in der Phase der erhöhten Leistungsfähigkeit. Wann der Zeitpunkt hierfür gegeben ist, hängt von vielen Faktoren, insbesondere auch von der Intensität des vorangegangenen Trainings (und der damit erforderlichen Erholungsphase) ab. In der Praxis geht man von etwa ein bis drei Tagen Erholung aus, was aber wegen der vielen einfließenden Komponenten nur eine sehr grobe Angabe sein kann. Bei einem Leistungssportler ist aber auch durchaus ein tägliches Training möglich, weil das Leistungsniveau eine Höhe erreicht hat, bei der nur noch kleine Leistungssteigerungen möglich sind, dafür aber kurze Erholungsphasen ausreichen.

Ein Trainingsprinzip stellt auch die richtige **Abfolge und Kombinationen der Belastungen** innerhalb einer Trainingseinheit dar. Man unterscheidet verschiedene Belastungskomponenten, die individuelle Leistungsmerkmale schulen. So stehen Übungen zur Koordination immer am Anfang eines Trainings, gefolgt von Trainingsabschnitten zur Schulung der Schnelligkeit und Kraft. Schließlich folgen Kombi-

Die Erholungsphase, welche man zwischen einzelnen Belastungsmomenten einschaltet, ist mindestens so wichtig wie die Ausführung einer Lektion selbst.

Abfolge von Trainingsabschnitten

Für ein optimales Trainingsergebnis müssen die Belastungen in einer bestimmten Reihenfolge abgefordert werden:
- *Koordination*
- *Schnelligkeit*
- *Kraft*
- *Schnelligkeitsausdauer*
- *Kraftausdauer*
- *Ausdauer*

nationen von Schnelligkeits- und Kraftausdauerkomponenten. Zum Ende einer Trainingseinheit trainiert man die reine Ausdauer. Nach diesem Prinzip der richtigen Abfolge von verschiedenen Belastungen sollte jede Trainingseinheit aufgebaut werden.

Daraus ergibt sich, dass die Arbeitsphase einer Reitstunde bevorzugterweise mit Koordinationsübungen wie dem Überwinden von Stangen oder dem Absolvieren von Trailhindernissen begonnen werden sollte. Stangenhindernisse fördern zudem den Takt und die Losgelassenheit des Pferdes, was die ersten Punkte der Ausbildungsskala darstellen. Somit fügt sich das Trainingskonzept perfekt in das Ausbildungsschema eines jeden Pferdes ein.

Stangenarbeit fördert den Takt und die Losgelassenheit des Pferdes.

Ein oft vernachlässigtes Trainingsprinzip ist das der **Gesundheits- und Entwicklungsförderung**. Dieses Prinzip wird meist nur in Verbindung mit dem Wachstumsstadium von Kindern und Jugendlichen gesehen, gilt aber für den Pferdesport ebenfalls ohne Einschränkung. Grundsätzlich sieht dieses Trainingsprinzip vor, das Training so zu gestalten, dass es die Entwicklung, das Wachstum und die Gesundheit des jeweiligen Individuums fördert und nicht hemmt. Dem trägt der Hochleistungssport leider kaum Rechnung. Wo der Mensch sich im Leistungssport ganz bewusst bestimmten Verletzungsgefahren und gesundheitlichen Risiken aussetzt, hat ein im Sport eingesetztes Pferd keine Wahl.

Umso mehr trägt der Reiter und Trainer des Pferdes die Verantwortung für den richtigen Einsatz und für ein gesundheitsförderndes Training!

Mit gezieltem Training kann die Belastungsverträglichkeit des Körpers erhöht werden. Somit ist ein gut trainiertes Pferd besser gegen Verletzungen gewappnet, weil die Strukturen (beispielsweise Sehnen und Muskeln) stärker sind und somit einen gewissen Anteil von Mehrbelastung aushalten, bevor sie geschädigt werden.

Insbesondere wird das Ausdauertraining als gesundheitsfördernd angesehen, weil dabei vor allem das Herz-/Kreislaufsystem in Anspruch genommen wird, das sich sehr schnell den Leistungsanforderungen anpassen kann. Muskulatur, Sehnen, Bänder, Gelenke und Knochen werden beim Ausdauertraining nur mäßig belastet, so dass eine Überlastung selten ist. Das Kraft- und Schnelligkeitstraining birgt die Risiken von zu hohen Belastungen, die, wenn auch nur kurzzeitig, dafür umso intensiver erfolgen. Das Verletzungsrisiko ist darum ungleich höher einzustufen als im Ausdauertraining.

Das Kraft- und Schnelligkeitstraining birgt das Risiko von zu hohen Trainingsbelastungen in sich.

Der Reiter hat eine besondere Verantwortung seinem Pferd gegenüber. Darum sind riskante Reitsportarten mit großen Verschleiß- und Ver-

letzungsgefahren für das Pferd in Zusammenhang mit dem Tierschutzgedanken als äußerst bedenklich einzustufen. Allerdings ist meist nicht die Disziplin an sich abzulehnen, sondern die Art und Weise wie sie ausgeführt und trainiert wird. Sicherlich können auch Hochleistungspferde lange fit und gesund erhalten werden, wenn der Mensch sie einem klugen Trainingsprogramm unterzieht und Überlastungen nicht zulässt.

Die Kunst eines optimalen Trainings liegt aber gerade darin, die Belastungsgrenzen des Pferdes frühzeitig zu erkennen und das Training darauf abzustimmen. Übertriebener Ehrgeiz, finanzieller Gewinn und wirtschaftliche Faktoren spielen heute im Pferdesport aber leider eine oft größere Rolle als die moralische Verantwortung dem Individuum Pferd gegenüber.

Jeder verantwortungsbewusste Pferdebesitzer wird deshalb versuchen, sein Geld nicht auf Kosten der Pferde zu verdienen, sondern den Reitsport aus Liebe zum Pferd (und nicht des Geldes wegen) zu betreiben. Aus diesem Motiv heraus, kann das Training des Pferdes nur nach den Gesetzmäßigkeiten des gesundheitsfördernden Trainingsprinzips heraus erfolgen.

Anzeichen von Überlastung beim Pferd

Kein Reiter und Pferdebesitzer ist davor gefeit, Überlastungen beim Pferd völlig auszuschließen. Es ist in der Regel eine Sache des Einfühlungsvermögens und der Erfahrung, eine Überforderung zu verhindern. Allerdings können bestimmte Umstände eintreten, die selbst der Mensch nicht kontrollieren kann, so dass Verletzungen oder frühzeitiger Verschleiß beim Pferd auftreten.

Schon ein frischer Galopp über die Koppel kann unverhofft eine Überlastung in Form einer Verletzung zur Folge haben, ohne dass dies einkalkuliert werden konnte. Tritt das Pferd unglücklich auf, kann es sich beispielsweise eine Muskelzerrung oder eine Überdehnung der Sehne zuziehen. Das Pferd deshalb in eine Box zu sperren, um Verletzungen vorzubeugen, ist aber keineswegs der richtige Weg. Ein in Bewegungsarmut gehaltenes Pferd ist »untertrainiert« und somit mit schwachen Strukturen ausgestattet. Die Verletzungsgefahr ist darum ungleich höher einzustufen als bei einem Weidepferd, das seine Muskeln, Sehnen und Bänder schon beim täglichen Koppelgang trainiert.

Jeder Verletzung, die sich auch (aber noch lange nicht immer) durch Lahmheiten bemerkbar macht, liegt eine Überlastung der Strukturen zu Grunde. Verletzungsanfälliger sind Pferde, die erschöpft sind, weil die Muskulatur nicht mehr die Kraft aufbringt, bestimmte Einflüsse abzufangen. Bei einer übermäßigen Beanspruchung der Muskulatur sind darum nicht nur die Muskeln selbst gefährdet, sondern auch die Bänder, Sehnen, Knochen und Gelenke, weil diese von der Muskulatur unterstützt und geschützt werden.

Wie erkennt man die Ermüdung der Muskulatur beim Pferd? Ein Muskel er-

Dauerhafte Boxenhaltung ist nicht der richtige Weg, um Verletzungen zu vermeiden. Vielmehr sind bewegungsarm gehaltene Pferde eher untertrainiert und können »verweichlichen«.

müdet, wenn seine Kraft nicht mehr ausreicht, die geforderte Aufgabe zu erfüllen. Die Bewegungen werden langsamer und ungenau. Dieses Phänomen tritt dann ein, wenn beispielsweise bestimmte Lektionen zu häufig wiederholt worden sind. Verlangt man beispielsweise eine Galopppirouette beim Dressurpferd zehn Mal in Folge, wird die Ausführung der Lektion zäher und fehlerhaft, weil das Pferd an Kraft verliert.

Auch zu schnelle und lange Galoppaden führen zu einer müden Muskulatur. Manche Trainer reiten vor der Prüfung ihre Pferde zu lange ab. Dabei ermüden die Vierbeiner und gehen anschließend bereits matt in die Prüfung. Einige Reiter wollen diesen Effekt bewusst erreichen, damit das Pferd in der Prüfung ruhiger bleibt. Doch diese Taktik ist mit großen Gefahren verbunden. In der Prüfung selbst soll das Pferd nun Höchstleistungen abrufen. Dies ist einem müden Pferd je-

Schnelle und lange Galoppaden ermüden die Muskulatur.

doch nicht möglich. Das Tier wird überfordert und ist strukturellen und physiologischen Schädigungen ausgesetzt.

Ermüdete Pferde brechen nach Sprüngen über Hindernisse in der Vorhand ein. Ein weiteres Anzeichen sind stöhnende Laute bei der Landung mit den Vorderbeinen. Hierbei verkrampft die Bauchmuskulatur, die bei der Atmung mitarbeitet. Bei der Landung presst das Pferd die Luft aus den Lungen, wobei eine verkrampfte Muskulatur Schwierigkeiten hat, diesen Vorgang zu unterstützen, was sich dann in solchen »Grunzlauten« äußern kann.

Sehr viel Kraft erfordern auch die Reiningprüfungen der Westernreiter. Schnelle Zirkel in atemberaubender Geschwindigkeit sowie schwindelerregende Spins verlangen dem Pferd enorme Kraftakte ab. Manchmal sieht man ein Pferd, das in der Phase des Verharrens zwischen den geforderten Manövern breitbeinig stehen bleibt. Dies ist ebenfalls ein Anzeichen von muskulärer Erschöpfung, weil ermüdete Muskeln Schwierigkeiten haben, das Körpergewicht auszubalancieren. Die muskuläre Ermüdung steht auch in Zusammenhang mit der physiologischen Überforderung. Ein Pferd, das außer Atem gerät, ist zwar noch nicht überfordert, wenn es frühzeitig die Gelegenheit zur Erholung bekommt. Wird ein Pferd aber trotz Sauerstoffschuld immer weiter angetrieben, ist eine – sogar lebensgefährliche – Überlastung des Körpers nicht ausgeschlossen. Natürlich ist auch eine Überforderung im aeroben Trainingsbereich nicht ausgeschlossen, denn auch diese »moderate« Trainingsmethode kann übertrieben werden. Nach einer gewissen Zeit, die insbesondere vom Trainingszustand abhängig ist, ermüden die Muskeln ebenso, wenn die Energiereserven aufgebraucht sind.

Der Stoffwechselprozess wandelt die bereitgestellte Energie in Bewegung und Wärme um. Die Wärme äußert sich durch Schwitzen und Ansteigen der Körpertemperatur. Bei feuchter und heißer Witterung steigt der Energieumsatz des Pferdes auf das zehn- bis zwanzigfache des normalen Umsatzes an. Dadurch steigt auch die Wärmeproduktion, was sich in vermehrtem Schwitzen und noch höherer Körpertemperatur äußert. Normalerweise hat das Pferd eine Körpertemperatur von 37,5° bis 38,2° C. Bei Belastungen kann die Temperatur auf 40 Grad ansteigen. Überforderungen kennzeichnen sich durch eine noch höhere Körpertemperatur, die ab 40,5° C bereits gewebsschädigend ist. Ab 41° C Körpertemperatur werden die Zellen zerstört. Das Überprüfen der Körperfunktionen (PAT-Werte) ist deshalb ein wichtiges Instrument zur Überprüfung des Belastungsniveaus.

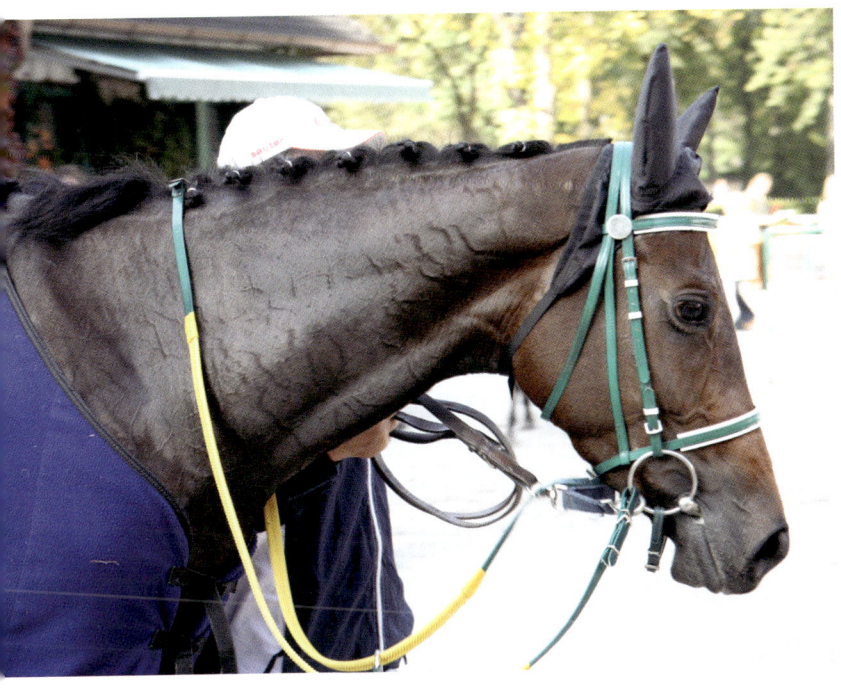

Der erhöhte Energieumsatz beinhaltet eine Wärmeproduktion, die sich durch Schwitzen und Ansteigen der Körpertemperatur äußert.

Wenn die Herzfrequenz 30 Minuten nach Beendigung der Anstrengung noch über 70 Schläge pro Minute aufweist, ist dies ein sicheres Anzeichen für eine Überanstrengung des Pferdes. Auch die Körpertemperatur sollte zu diesem Zeitpunkt seinen Normalwert wieder erreicht haben. Achtung! Extrem gefährlich ist es, wenn das Pferd nicht mehr schwitzt, aber die Körpertemperatur noch ansteigt! Dann muss sofort ein Tierarzt hinzugezogen werden.

Die Überforderung von Pferden ist deutlich daran zu erkennen, dass das Tier nach dem Training oder Wettkampf Wasser und Futter verweigert. Das Fehlen von Darmgeräuschen kann ebenfalls ein Hinweis sein, weil die Darmfunktion eingeschränkt ist, wenn das Pferd überfordert worden ist. Daraus können sich auch Koliken entwickeln.

Trockene Schleimhäute deuten auf eine Austrocknung hin. Wenn das Pferd zu wanken beginnt, Krämpfe oder ungewöhnliches Verhalten zeigt, kann von einer Überhitzung ausgegangen werden. Bei diesen Anzeichen muss stets ein Tierarzt hinzugezogen werden.

Die Atemfrequenz steht immer in Relation zur Herzfrequenz. In der Regel hat die Atmung einen niedrigeren Wert als der Puls (normaler Atemwert: 8–16 Atemzüge pro Minute, normaler Ruhepuls: 28–40 Schläge pro Minute).

Bei einer Anstrengung erhöhen sich alle Werte, jedoch bleibt der Puls immer höher als der Atemwert, wenn sich das Pferd im »grünen Trainingsbereich« befindet. Gefährlich wird die Belastung des Pferdes, wenn sich die Relation der Werte umkehrt. Höchste Gefahr durch Überanstrengung liegt dann vor, wenn die Atemwerte höher als die Pulswerte sind. Dann sollte man sofort reagieren: Belastung einstellen und den Tierarzt rufen!

Zwar nicht so akut, aber dennoch bedenklich und schädlich, insbesondere auf lange Sicht gesehen, sind Formen von Überlastungen, die sich meist nicht sofort bemerkbar machen. Sie wirken aber langfristig schädigend und führen oft zu frühzeitigem Verschleiß der Gelenke und Knochen (Arthrosen). Die Ursachen sind vielfältig und reichen von falsch angepassten Sätteln über einen unausbalancierten Sitz und ineffektive Hilfengebung des Reiters bis hin zu genetisch bedingten Fehlstellungen der Pferdebeine. In diesen Fällen helfen nur das sorgsame Auswählen der Ausrüstung, eine gute Schulung des Reiters und der moderate Einsatz des Pferdes für Disziplinen, für die es körperlich und mental auch geeignet ist.

Trainingsmethoden

Mit der Überlegung zu den unterschiedlichen Trainingsmethoden muss man sich bereits an der Praxis des Pferdetrainings orientieren. Die Methoden werden durch das jeweilige Trainingsziel bestimmt, das abhängig ist von der Reitsportart und Disziplin. Trainingsmethoden legen fest, auf welchem Weg man das Trainingsziel erreicht.

Jede Reitsportdisziplin hat andere Trainingsziele, darum wollen wir uns zunächst einen Überblick darüber verschaffen, welche Disziplinen es gibt und mit welchen Trainingszielen diese gekoppelt sind. Der Reitsport ist mittlerweile sehr vielfältig geworden, so dass selbst bestimmte Reitweisen sehr unterschiedliche Anforderungen an die Leistungsfähigkeit des Pferdes stellen.

Das jeweilige Trainingsziel bestimmt die Trainingsmethoden.

Verknüpfen wir die wichtigsten Reitsportdisziplinen mit einem Anforderungsprofil und somit mit den Trainingszielen:

Disziplin	Anforderungsprofil = Trainingsziel
Dressur	Beweglichkeit, Kraft, Koordination, Ausdauer
Springen	Kraft, Kraftausdauer, Koordination, Geschicklichkeit
Vielseitigkeit	Ausdauer, Kraft, Kraftausdauer, Schnelligkeit
Reining	Kraft, Koordination, Geschicklichkeit, Schnelligkeit, Beweglichkeit
Trail	Koordination, Geschicklichkeit, Beweglichkeit
Pleasure	Ausdauer, Beweglichkeit, Koordination
Cutting	Schnellkraft, Kraftausdauer, Geschicklichkeit, Koordination
Galopprennen	Ausdauer, Schnelligkeit
Trabrennen	Ausdauer, Schnelligkeit
Distanzreiten	Ausdauer, Geschicklichkeit
Wanderreiten	Ausdauer
Voltigieren	Ausdauer, Koordination
Freizeit-Geländereiten	Ausdauer, Geschicklichkeit, Koordination

Für den Reiter stellt sich nun die Frage, wie er das jeweilige Trainingsziel erreichen kann. Hierfür helfen ihm die unterschiedlichen Trainingsmethoden.

Das Ausdauertraining

Freunde des Wander-, Freizeit-, Distanz- und Rennsports haben als Haupttrainingsziel stets eine fundierte Ausdauer. Diese baut man überwiegend mit der Dauermethode auf, bei der über einen sehr langen Zeitraum eine moderate Reizstärke – man spricht von 30 bis 60 Prozent der maximalen Belastung – einwirkt. Die Dauermethode vollzieht sich stets im aeroben Bereich und belastet insbesondere das Herz-/Kreislaufsystem.

Unterteilt ist das Ausdauertraining neben der häufig angewandten Dauermethode in ein Intervalltraining und der Wiederholungsmethode, welche aber insbesondere die Kraft und Schnelligkeit schult.

Beim Intervalltraining wechselt die Geschwindigkeit während des Dauertrainings mehrmals, so dass teils auch der anaerobe Energie-

stoffwechsel angesprochen wird. Diese Methode erhöht die anaeroben Kapazitäten, welche ganz besonders bei Langstreckenrennen sinnvoll sind. Der Wander- oder Freizeitreiter benötigt hingegen kaum Arbeitsphasen im anaeroben Bereich. Ein Training im aeroben Bereich ist darum ausreichend und sinnvoll.

Freizeit- und Wanderreiter sollten für ihre Pferde als Trainingsziel eine fundierte Ausdauer anstreben.

Das Krafttraining

Für die konventionellen Turniersportarten wie Dressur und Springen, aber auch Reining und weitere dressurmäßige Reitsportdisziplinen in den verschiedenen Reitweisen benötigen die Pferde für die abverlangten Manöver ein gewisses Kraftpensum.

In den meisten Reitsportdisziplinen, die in der Reitbahn praktiziert werden, schulen die Reiter ihre Pferde nach der Ausbildungsskala. Dabei soll die zunächst entwickelte Schubkraft der Hinterhand in die Tragkraft umgewandelt werden. Beide Leistungskomponenten beinhalten die Kraft als Basis. Somit sind diese Pferde einem speziellen Krafttraining zu unterziehen, um den Leistungsanforderungen gerecht zu werden.

Für bestimmte Lektionen – wie zum Beispiel die Piaffe – benötigen Pferde ein gewisses Kraftpensum.

Um das Kraftpotenzial zu erhöhen, sind häufige Wiederholungen das wichtigste Kriterium. Die Reizdauer ist dabei nur sehr kurz, die Stärke des Reizes kann bis an die Leistungsgrenze gehen. Im Krafttraining setzt man etwa fünf bis zehn Wiederholungen an (beispielsweise Gymnastiksprünge oder Dressuraufgaben wie Angaloppieren aus dem Rückwärtsrichten), unterbrochen durch eine Pause, die dem Pferd die Möglichkeit gibt, sich vollständig zu erholen.

Training der Muskelfasertypen

Die verschiedenen Muskelfasertypen sind für die jeweilige Reitsportdisziplin von großer Bedeutung. Weiße Muskelfasern, auch fast twitch-Muskelfasern genannt, sind sehr schnell arbeitende Fasern, die kurzfristig sehr hohe Kraftleistungen aufbringen können. Rote oder slow-twitch-Muskelfasern hingegen arbeiten langsam, sind aber sehr ermüdungsresistent. Es gibt auch noch den Intermediärtyp, eine Mischung aus roten und weißen Muskelfasern. Insbesondere dieser Typ lässt sich über ein spezifisches Training in die eine oder andere Richtung bedingt verschieben. In der Regel sind die Muskelfasertypen erblich bedingt, ein Umbau der Fasertypen in der Muskulatur ist aber teilweise möglich. Weiße Muskelfasern lassen sich durch Methoden, die die Ausdauer fördern, teilweise in rote oder intermediäre Muskelfasern umbauen. Der Umbau von roten Muskelfasern in fast-twitch-Fasern hingegen ist kaum möglich. Aus einem Pferd, das auf lange Strecken, die viel Ausdauer erfordern, erfolgreich ist, kann man deshalb auch keinen Sprinter machen.

Im Training unterscheidet man verschiedene Kraftarten, die die Trainingsmethode beeinflusst. Zunächst gibt es die Maximalkraft, welche die größtmögliche Kraft darstellt, die man willkürlich aufbringen kann. Dann kennt man die Schnellkraft, welche das Pferd befähigt, seinen Körper mit hoher Geschwindigkeit zu bewegen. Wird der Athlet wiederholt vor Aufgaben gestellt, die Schnellkraft erfordern, spricht man von Schnellkraftausdauer. Lang anhaltende oder sich wiederholende Kraftleistungen werden als Kraftausdauer bezeichnet.

Manche Manöver erfordern vom Pferd extreme Schnellkraftleistungen.

Je nach Disziplin ist eine bestimmte Erscheinungsform der Kraft erforderlich, derer man im Training besondere Aufmerksamkeit schenkt. Bevor man sich dem speziellen Krafttraining widmet, sollte man ein allgemeines Krafttraining in Betracht ziehen, das den Muskelquerschnitt erhöht. Der Muskelaufbau ist auch im Bereich der allgemeinen Fitness und in der Rehabilitation die vorwiegende Trainingsmaßnahme.

Wenn die allgemeine Kraft verbessert wurde, können die weiteren Kraftformen wie Maximalkraft, Schnellkraft und Kraftausdauer trainiert werden, um den Anforderungen der jeweiligen Disziplinen besser gerecht zu werden.

Für den Kraftaufbau ist es wichtig, die Arbeitsweisen der Muskulatur zu berücksichtigen. Die Muskulatur kann konzentrisch, exzentrisch und isometrisch arbeiten. Bei der konzentrischen Muskelarbeit nähern sich der Ursprung und Ansatz des Muskels an – der Muskel kontrahiert und überwindet dadurch einen Widerstand. Man nennt diese Arbeitsweise auch positiv-dynamisch. Bei der exzentrischen Arbeitsweise (auch negativ-dynamisch genannt) kommt es zur Dehnung der Muskulatur, Ursprung und Ansatz entfernen sich voneinander. Hierbei wird eine Bewegung abgebremst.

Leisten die Muskeln eine abbremsende (nachgebende oder eine Kraft auffangende) Arbeit, spricht man von exzentrischer Arbeitsleistung.

Isometrisch arbeitet die Muskulatur, wenn keine Spannungsveränderungen stattfinden, die Arbeitsweise ist haltend-statisch. Die Muskulatur hält einem Widerstand mit gleicher Kraft entgegen, so dass die einwirkende Kraft und die Muskelkraft in einem ausgeglichenen Verhältnis stehen. Somit entsteht keine Bewegung, es handelt sich hierbei um eine Haltearbeit. (Eine Lektion aus der Hohen Schule wäre hierfür beispielsweise die Levade.) Nun stellt aber jede Bewegung ein Zusammenspiel von mehreren Muskeln dar. Um eine Bewegung zu vollziehen, arbeiten einige Muskelgruppen zusammen (Synergisten), andere erzeugen gegensätzliche Kräfte (Agonisten und Antagonisten). Im Training ist es besonders wichtig, dass die gegensätzlich arbeitenden Muskeln stets gleichmäßig belastet werden, um Verletzungen zu vermeiden.

Wie oben bereits erwähnt, ist der Muskelaufbau (Querschnittsvergrößerung der Muskelfasern oder Hypertrophie) die Grundlage jeden Krafttrainings. Schon hier sollte man berücksichtigen, dass bei langsamer Arbeit mit einer Intensität von 40 bis 60 Prozent der Maximalkraft insbesondere die roten Muskelfasern hypertrophieren. Schnelle und

Um die Maximalkraft für hohe Sprünge zu bekommen, wird zunächst eine Serie niedriger Sprünge trainiert, bei denen das Pferd im Bereich von ca. 50 Prozent der Maximalkraft arbeitet.

sehr intensive Trainingsreize mit einer Intensität von etwa 60 bis 80 Prozent sprechen vor allem die weißen Muskelfasern an.

Die Voraussetzung für das Basiskrafttraining (Muskelaufbau) ist eine entsprechend lange Reizdauer. Diese erfordert eine hohe Anzahl von Wiederholungen, die wiederum nur bei adäquaten Widerständen möglich sind. Das Springpferd beispielsweise baut seine Muskulatur für hohe Sprünge, die Maximalkraft erfordern, zunächst über eine Serie von niedrigen Sprüngen auf. Der Intensitätsbereich liegt bei etwa 50 Prozent der Maximalkraft des Pferdes, bei etwa zehn Wiederholungen. Diese Sprungreihe wird etwa fünf Mal wiederholt, unterbrochen von etwa zwei Minuten Pause.

In einigen Reitsportdisziplinen muss das Pferd an seine Maximalkraft herangehen, um bestimmte Manöver auszuführen. Hierzu gehört beispielsweise der Sliding Stop des Reiningpferdes, das sein ganzes Gewicht mit der Hinterhand tragen muss und dabei eine sehr hohe Geschwindigkeit (schneller Galopp) innerhalb kürzester Zeit abbremsen muss. Hierbei wirken sehr hohe Kräfte auf die Hinterhandmuskulatur des Pferdes ein. Kann das Pferd durch gezieltes Training seine Maximalkraft erhöhen, ist es ihm möglich, tiefer gesetzte und längere Sliding Stops auszuführen. Selbstverständlich kann sich ein stärkeres

Beim abrupten Antritt aus der Startbox benötigt das Galopprennpferd seine Maximalkraft, um möglichst schnell Geschwindigkeit aufzunehmen.

Pferd gegen mögliche Überlastungserscheinungen zudem besser schützen. Maximalkraft benötigt aber auch das Dressurpferd bei kraftintensiven Manövern, das Springpferd vor allem beim Absprung über hohe Hindernisse, und das Galopprennpferd beim Antritt aus der Startbox.

Um höchste Kraftintensitäten zu erreichen, muss eine größtmögliche Anzahl von Muskelfasern synchron aktiviert werden. Man spricht hierbei von »intramuskulärer Koordination«. Voraussetzung hierfür ist natürlich ein hoher Muskelquerschnitt. Darum muss zum einen das Muskelaufbautraining dem Maximalkrafttraining vorausgehen, zum anderen ergibt sich die eigentliche Maximalkraft stets aus dem Zusammenspiel von Muskelaufbau und intramuskulärem Koordinationstraining.

Trainierte Pferde sind gegen Verletzungen aufgrund äußerer Einwirkungen besser gewappnet. Überlastungserscheinungen wie Sehnenüberdehnungen – wie hier bei der Landung nach dem Sprung – sind bei trainierten Pferden weniger riskant.

Während das Muskelaufbautraining aus etwa 50 Prozent Intensität und vielen Wiederholungen besteht, zeichnet sich das intramuskuläre Koordinationstraining durch wenige Wiederholungen, aber gepaart mit einer hohen Reizintensität (bis zu 95 Prozent Maximalkraft) aus. Beim intramuskulären Koordinationstraining kommt es kaum zu einem Muskelzuwachs, weil die Belastungen zu hoch und die Wiederholungen zu wenig sind. Für das Maximalkrafttraining müssen also beide Methoden kombiniert werden.

Ein Cuttingpferd (aber auch jedes andere Reitpferd) kann durch flott gerittene Wendungen seine Muskulatur aufbauen. Hierzu reitet man beispielsweise die Übung »Wendung gegen die Bande«. Bei dieser Aufgabe trabt das Pferd in Auswärtsstellung auf dem zweiten Hufschlag. Schließlich lässt der Reiter das Pferd gegen die Bande wenden und reitet es im Galopp aus der Wendung in entgegengesetzter Richtung. Diese Übung wiederholt man etwa zehn Mal. Damit erreicht man einen soliden Muskelaufbau, wenn diese und ähnliche Übungen über mehrere Wochen Bestandteil des Trainingsprogramms sind.

Für das Koordinationstraining geht man mit dem Cuttingpferd schließlich an das Rind, welches während des Cuttens vom Pferd koordinierte Wendungen verlangt, bei denen das Pferd nahe an die

Maximalkraftleistung herangehen muss. Je intensiver das Cuttingtraining (beziehungsweise je schneller das Rind), desto weniger Wiederholungen sind angebracht. Die Arbeitszeit am Rind richtet sind nach den Kraftanforderungen im Training. Für jedes Pferd gelten die Basislektionen (des Dressurreitens) als Muskelaufbautraining. Die »fertigen« Manöver schulen letztendlich die Koordination. Beispiele für Basislektionen zum Muskelaufbau sind: Zirkel verkleinern und vergrößern, Biegungen, Gangartenübergänge, Rückwärtsrichten und Seitengänge. Koordinationsübungen stellen Lektionen dar wie: Fliegende Wechsel, Pirouette, Spin, Stoppen, Sprünge und so weiter.

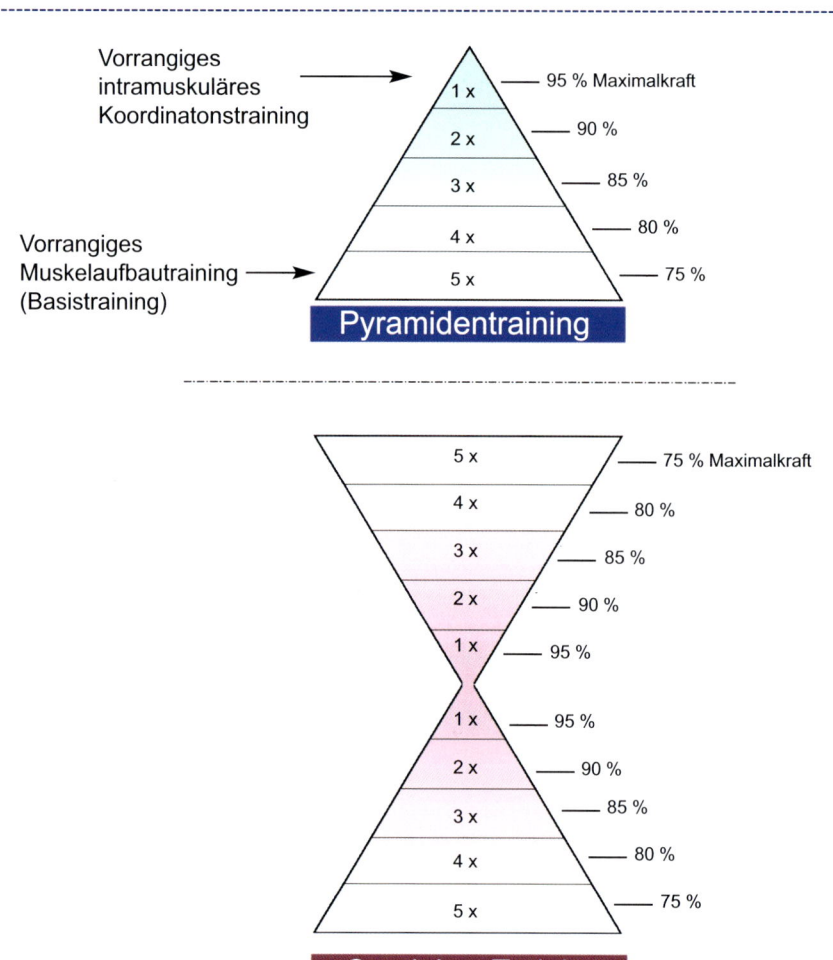

Für höchste Trainingsintensitäten gilt folgende Regel: Bei Einsatz von 75 Prozent Maximalkraft können fünf Wiederholungen durchgeführt werden, bei 80 Prozent vier Wiederholungen, bei 85 Prozent drei Wiederholungen, bei 90 Prozent zwei Wiederholungen und bei 95 Prozent eine einmalige Durchführung der Übung. Bei dieser Methode spricht man auch von Pyramidentraining, weil der Kraftaufwand mit jedem Mal gesteigert, die Wiederholungszahl dabei zugleich verringert wird. Das Pyramidentraining kann je nach Trainingsmöglichkeiten auch variiert und abgewandelt werden, so ist eine Steigerung der Wiederholungen und Verringern der Intensität ebenso möglich wie umgekehrt (Sanduhr-Grafik). Wichtig ist ein ausgeglichenes Verhältnis des Muskelaufbau- und intramuskulären Koordinationstrainings.

Durch das Pyramidentraining kann insbesondere auch die Schnellkraft trainiert werden, welche bei agilen Pferdesportdisziplinen vorrangig ist.

Muskeldehnung nicht vergessen!

Nur ein lockerer und somit auch dehnfähiger Muskel ist in der Lage zu kontrahieren und damit den Muskelaufbau zu gewährleisten. Die Dehnfähigkeit eines Muskels hängt aber nicht allein von seinem allgemeinen Tonus ab. Bei einer ausgeprägten Muskulatur aktivieren bei einer Beanspruchung die Rezeptoren an den Sehnen frühzeitig, was die Muskelkontraktion hemmt. Dies ist unter anderem ein Schutz für Muskeln und Sehnen vor Überbeanspruchung und Überdehnung (Antagonist). Deshalb sollten beim Maximalkrafttraining Dehnübungen nicht vernachlässigt werden, die entsprechende Anpassungsvorgänge in der Muskulatur auslösen und somit die Muskelkontraktion nicht frühzeitig bremsen (s. Beweglichkeitstraining S. 131).

Das Schnelligkeitstraining

Die Schnelligkeit eines Pferdes ist natürlich zunächst einmal von Rasse und Typ, insbesondere aber vom jeweiligen Muskelfasertyp abhängig und somit genetisch bedingt. Dennoch lässt sich die Schnelligkeit gut trainieren, denn sie ist zudem auch kraft- und koordinationsabhängig. Die Voraussetzungen für schnelle Bewegungen sind sehr vielfältig. Mit eine Rolle spielt neben der Muskelfaserstruktur auch die neuromuskuläre und sensomotorische Steuerung, die intermuskuläre

Koordination, die Nervenleitgeschwindigkeit, die Muskelkontraktionszeit, die Beweglichkeit, die psychische Stabilität und das Beherrschen der Bewegungstechnik.

Besonders sprintstark müssen vor allem Rennpferde sein, die auf kürzeren Strecken wettkampfmäßig im Einsatz sind. Aber auch Freizeitpferde sind immer wieder einmal mit Situationen konfrontiert, in denen sie maximale Schnelligkeit beweisen müssen, denkt man nur an die rasanten Rennspiele auf verschiedenen Freizeitreitturnieren.

Das Reiningpferd benötigt ebenfalls ein hohes Maß an Schnelligkeit bei Manövern wie Spins, Roll backs und Galoppzirkel. Und nicht zuletzt wird von einem Springpferd spätestens bei Zeitspringen eine gute Grundschnelligkeit verlangt.

Das allgemeine Ziel des Schnelligkeitstrainings ist, dass das Pferd schneller auf die jeweilige Situation reagieren kann, die Aufgabe besser koordiniert und dabei schneller agiert. Das Schnelligkeitstraining erfordert ein Höchstmaß an Leistung, so dass mit dem Training sehr langsam begonnen werden muss. Prinzipiell müssen einige Voraussetzungen erfüllt sein, bevor man mit dem Schnelligkeitstraining beginnt, um Verletzungen entgegenzuwirken. An erster Stelle steht hier eine fundierte Aufwärmarbeit. Es genügt dabei nicht, das Pferd zehn Minuten locker zu reiten und es lediglich auf »Betriebstemperatur« zu bringen. Jeder Muskel sollte bereits gut durchgearbeitet sein. Das Pferd darf auch schwitzen, aber ohne dass der Vierbeiner müde geritten wird. Ein sehr gut aufgewärmtes Pferd ist nicht nur besser vor Verletzungen geschützt, sondern bringt auch wesentlich höhere Leistungen. Es ist außerdem darauf zu achten, dass die Muskulatur dehnfähig ist, damit muskuläre Widerstände minimiert werden und die Gelenkbeweglichkeit nicht eingeschränkt ist.

Eine eingeschränkte Beweglichkeit macht sich unter anderem bemerkbar, wenn das Pferd eine Übung nicht korrekt ausführt. Der Bewegungsablauf kann zu langsam sein oder das Pferd kann die Lektion

nicht taktrein absolvieren. Es beginnt beispielswei-se bei der Westernlektion Spin zu springen oder schiebt die Hinterhand bei engen Wendungen (Vol-ten) nach außen. Allgemein verweigert das Pferd häufig, die Zügel-, Schenkel- und Gewichtshilfen anzunehmen.

Eine sehr wichtige Komponente im Schnelligkeits-training ist, dass das Pferd die jeweiligen Bewe-gungsmuster perfekt beherrscht. Eine Übung kann in einer höheren Geschwindigkeit nur dann gelingen,

Erst wenn das Manöver – hier der Spin des Reining-pferdes – technisch korrekt ausgeführt werden kann, sollte der Reiter die Ge-schwindigkeit er-höhen.

wenn sie technisch korrekt eingeübt worden ist. Dies bedingt einen sauberen und automatisierten Bewegungsablauf, bevor das Schnellig-keitstraining angegangen werden kann. Der Spin des Reiningpferdes ist für diese Forderung ein klassisches Beispiel.

Das Schnelligkeitstraining kann in drei Phasen eingeteilt werden: Die Beschleunigungsphase, die Sprintphase (Maximalgeschwindigkeit) und die Phase der absinkenden Geschwindigkeit. Das Schnelligkeits-training beinhaltet stets alle drei Komponenten. Die Belastungsinten-sität liegt im Schnelligkeitstraining im Maximalbereich.

Das Pferd muss dabei volles Leistungspotenzial aufbringen, was eine hohe Motivation voraussetzt. Der Belastungsumfang richtet sich nach dem Trainingszustand und dem jeweiligen Manöver, wobei als Richt-werte in etwa fünf bis acht Wiederholungen angesehen werden kön-nen – bei kurzzeitiger, aber maximaler Belastung (Höchstgeschwin-digkeit) sowie Pausen zwischen den Wiederholungen, die eine gute Erholung gewährleisten.

Beweglichkeitstraining

Das Training der Beweglichkeit erleichtert und verbessert die techni-sche Ausführung eines Manövers, was insbesondere im Turniersport zu höheren Wertnoten führt, weil die jeweilige Lektion korrekter, ath-letischer und dynamischer durchgeführt werden kann. Die Beweg-lichkeit beinhaltet die Fähigkeit, die Gelenke optimal zu beugen und zu strecken. Durch das Training werden die elastischen Eigen-schaften der Muskeln, Sehnen und Bänder verbessert. Außerdem wird

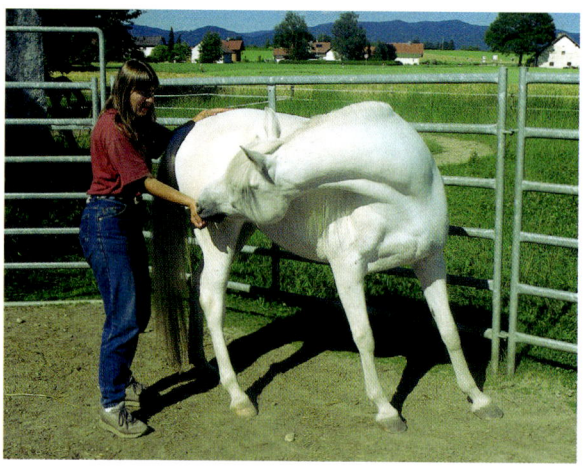

Das statische Dehnen in aktiver Form: Das Pferd führt hier die Bewegung selbstständig aus und benötigt dazu eigene Muskelkraft.

die Fähigkeit dafür entwickelt, den Bewegungsspielraum der Gelenke auszunutzen, und die inter- und intramuskuläre Koordination zu optimieren. Das Beweglichkeitstraining besteht primär aus dem Dehnen der Muskulatur, wobei man zwei Grundformen voneinander unterscheidet. Eine Trainingsmethode ist das statische Dehnen, die andere das elastische Dehnen. Das statische Dehnen wiederum ist unterteilt in die aktive und passive Form.

Bei der elastischen Dehnungsmethode soll die Muskulatur durch wippende Bewegungen gedehnt werden. Allerdings hat sich diese Form des Dehnens als nicht praktikabel herausgestellt, weil die Muskulatur über einen Schutzreflex verfügt, der bei schnellen Dehnungsreizen über das Zentralnervensystem anspringt und eine sofortige Kontraktion des Muskels veranlasst, die eine vollständige Dehnung nicht zulässt. Damit werden Verletzungen wie Muskelrisse vermieden. Dieser Mechanismus allerdings blockiert die Steigerung der Beweglichkeit, die auf diese Weise kaum verbessert werden kann. Bestenfalls kann man sie auf dem vorhandenen Niveau halten. Elastisches Dehnen ist darum nicht die erste Wahl der Trainingsmethode zur Verbesserung der Beweglichkeit. Für das Pferdetraining ist diese Form zudem praktisch nicht ausführbar, weil es kaum möglich ist, dem Pferd Übungen abzuverlangen, die ein elastisches Dehnen ergeben.

Statisches Stretchen hingegen ist eine weitaus effektivere Form zur Steigerung der Beweglichkeit, weil die Muskulatur – entweder passiv oder aktiv – langsam an die Elastizitätsgrenze herangeführt wird und somit durchaus eine wirksame Dehnung erfährt. Der Schutzreflex ist bei langsamem Stretchen ausgeschaltet, so dass eine stärkere Dehnung des Muskels möglich ist. Das statische, gehaltene Dehnen kann man passiv, das heißt mit Hilfe von äußerlichen Einwirkungen (Apparate, Partner), oder aktiv mit Hilfe der eigenen Muskelkraft durchführen.

Die aktive Dehnung mittels eigener Muskelkraft entspricht der realen Leistungsanforderung. Wenn sich das Pferd über einen Sprung streckt,

dehnt der Vierbeiner seine Muskulatur aktiv. Allerdings erreicht man mit der aktiven Methode nicht die maximale Dehnfähigkeit des Muskels. Sie schränkt aber auch die Verletzungsgefahr erheblich ein. Ein typisches Beispiel für eine aktive Dehnung der Halsmuskulatur ist beim Pferd die so genannte Karottenübung. Hierbei bietet der Trainer dem Tier einen Leckerbissen etwa auf Höhe des Bauches oder der Flanke an. Das Pferd muss seinen Kopf wenden und sich nach der Leckerei strecken. Dadurch wird die gegenüberliegende Hals- und Rumpfmuskulatur aktiv gedehnt.

Eine aktive Dehnung der Muskulatur erfolgt auch über dem Sprung.

Dieselbe Übung kann man passiv durchführen, indem man das Pferd nicht mit einer Karotte oder ähnlichen Belohnungshappen lockt, sondern den Kopf des Pferdes manuell zur Seite drückt und somit die gegenüberliegende Halsmuskulatur dehnt. Das Pferd kann diese Dehnungsform blockieren, indem es einfach den zu dehnenden Muskel anspannt. Dies passiert immer dann, wenn das Pferd Schmerzen hat, kein Vertrauen in den Menschen hat oder sich der Dehnung aus anderen Gründen entziehen will. Die meisten Pferde sind jedoch vertrauenswürdig und lassen Dehnübungen durch den Menschen problemlos zu. Als Pferdebesitzer liegt es in der eigenen Verantwortung, Dehnübungen – wenn man sich an die passive, statische Dehnung herantraut – mit größter Sorgfalt durchzuführen. Überdehnt man den Muskel, können Verletzungen die Folge sein. Neben dem Hals des Pferdes kann man auch die Gliedmaßen einem funktionellen Beweglichkeitstraining unterziehen, natürlich immer unter Berücksichtigung der Biomechanik des Pferdes.

Sinnvolle Dehnübungen kann man nach der Aufwärmphase vor allem vom Boden aus einbauen. Hierzu gehören unter anderem die passive Dehnung der Beine nach vorne und hinten, aber auch über Kreuz (insbesondere zur Dehnung der Schulter- beziehungsweise Oberschenkelpartie) sowie die Dehnung der Halsmuskulatur des Pferdes. Aktive Muskeldehnung (die allerdings nicht so effektiv ist) erreicht man durch Übungen wie Seitengänge, Gangartverstärkungen (Beine) sowie

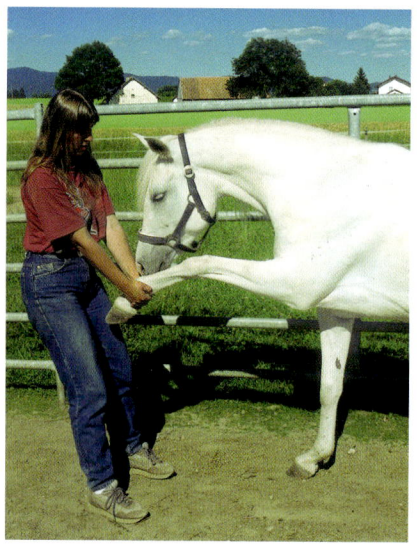

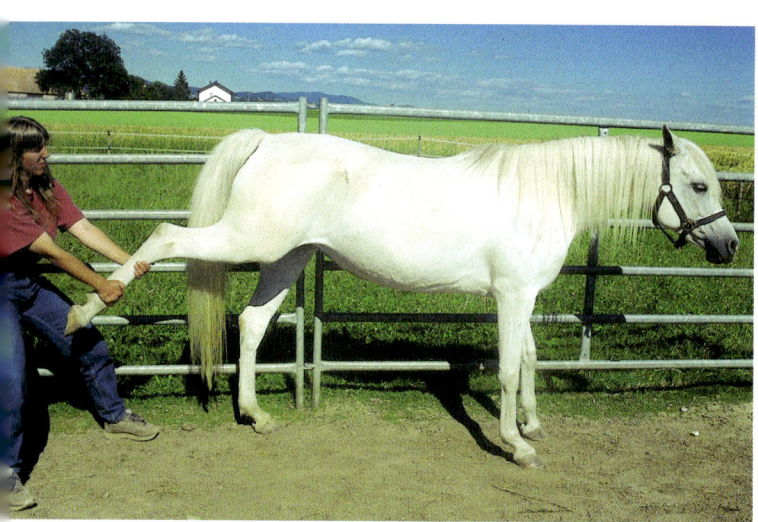

*Passive Streckungs-
übung des Vorder-
beins, die auch die
Bauchmuskulatur
dehnt.*

*Passive Dehnungs-
übung des Hinter-
beins: Das Pferd
benötigt keine eige-
ne Muskelkraft, da
die Bewegung der
Therapeut ausführt.*

Ein- und Auswärtsstellungen (Hals, Schulter).Gute Ergebnisse erzielt man, wenn man die Dehnung so weit durchführt, bis man einen Widerstand spürt. Das Stretchen darf nicht über den Schmerzpunkt hinaus durchgeführt werden. Ist die Dehnung für das Pferd schmerzhaft, wehrt es sich schließlich, aber dann hat man den Fehler bereits begangen. Deshalb ist ein gutes Einfühlungsvermögen wichtig, um vor der Schmerzgrenze die Dehnung zu halten. Vollzieht man die Dehnung nicht bis kurz vor die Schmerzgrenze, erreicht man nicht den gewünschten Effekt (was aber immer noch besser ist, als eine Verletzung zu riskieren). In der optimalen Position, die man sich gefühlsmäßig erarbeiten muss, hält man die Dehnung in etwa zehn bis dreißig Sekunden aufrecht. Danach sollte man eine leichte Lockerung spüren, die einem erlaubt, das Stretchen nochmals um einige Nuancen zu steigern. Man drückt also wiederholt leicht nach und erhöht dabei die Streckung des Muskels. Diese Stellung hält man wiederum in etwa 20 Sekunden aufrecht, bevor man dem Pferd erlaubt, die Muskulatur zu lockern. Die Dehnungen sollten für ein besseres Ergebnis nach einer kurzen Erholungspause mehrfach (vier- bis achtmal) wiederholt werden.

Somit kann zusammenfassend festgestellt werden, dass die passive, gehaltene Dehnung am effektivsten, aber auch nicht ganz ungefährlich ist. Ungeübte Pferdebesitzer sollten deshalb die aktive, statische Methode bevorzugen, auch wenn sie nicht so effektiv ist. Man geht dafür aber auch kein Verletzungsrisiko ein.

Es sollte eine Selbstverständlichkeit sein, dass Dehnübungen nur in aufgewärmtem Zustand praktiziert werden. Eine kalte Muskulatur ist unelastisch und sehr anfällig für Verletzungen.

Stretching im Training und Wettkampf?

Forschungen haben ergeben, dass langsames, statisches und passives Dehnen den Muskeltonus herabsetzt und damit zu einer Lockerung der Muskulatur beiträgt. Damit verringert sich das Verletzungsrisiko, allerdings lässt auch die Kraft im Muskel nach.

Beim dynamischen Dehnen durch Federn oder Wippen wird hingegen der Muskeltonus erhöht, die Muskelkraft kann gesteigert werden, aber das Verletzungsrisiko wird damit ebenso gesteigert.

Aus diesen Erkenntnissen heraus ist ein statisches, passives Stretchen im Training sinnvoll, nicht aber vor einem Wettkampf, insbesondere bei Reitsportdisziplinen, die dem Pferd viel Kraft abverlangen. Das Verletzungsrisiko ist durch ein gutes Aufwärmen zu minimieren.

Das Techniktraining

Das Techniktraining bezeichnet das Üben verschiedener Lektionen und Bewegungsmuster. Dies ist insbesondere für Dressur- und Reiningpferde ein wichtiger Bestandteil des Trainings. Allerdings wird dieses Manövertraining auch oft übertrieben.

Manche Reiter üben an Lektionen, für die das Pferd körperlich noch gar nicht vorbereitet ist. Zunächst muss nämlich der Vierbeiner in der Lage sein, bestimmte Manöver abzurufen. Deshalb muss ein fundiertes Grundlagentraining durchgeführt werden. Hierbei erfährt das Pferd den entsprechenden Muskelaufbau (Basis des Krafttrainings), die notwendige Kondition, eine fundierte Gymnastizierung (Beweglichkeitstraining) sowie Koordination.

All diese Dinge sind zunächst Voraussetzungen, um Lektionen ausführen zu können. Das Techniktraining (Koordination) steht aber vor dem Schnelligkeitstraining, denn zuerst muss die richtige Abfolge stimmen, bevor die Manöver in einer erhöhten Geschwindigkeit abgefragt werden können.

Wenn das Manövertraining den hauptsächlichen Teil einer Trainingsstunde einnimmt, kann dies auch zu schädlichen Auswirkungen führen, insbesondere dann, wenn die Lektionen sehr gelenk- und sehnenbelastend für das Pferd sind. Hier seien insbesondere Reiningmanöver wie Spin, Sliding Stop, aber auch Dressurlektionen wie Piaffe oder Pirouette und mächtige Hindernisse, die das Springpferd zu überwinden hat, als Beispiele genannt.

Andererseits kann ohne das Techniktraining keine Verbesserung des Bewegungsablaufs eines Manövers erzielt werden. Das Techniktraining muss deshalb möglichst ökonomisch durchgeführt werden. Es müssen hierfür die leistungsbestimmenden Faktoren als Grundlage vorhanden sein, damit ein erfolgreiches Techniktraining durchgeführt werden kann. Das Manövertraining bedeutet für das Pferd das Erlernen von den Bewegungsabläufen (Bewegungslernen), die für die jeweiligen Lektionen erforderlich sind. Auf eine gewisse Anzahl von Wiederholungen kann dabei nicht verzichtet werden, um den korrekten Bewegungsablauf zu automatisieren.

Sobald eine Automatisierung erfolgt ist, kann das Techniktraining zurückgefahren werden. Zuvor sollte das Erlernen des richtigen Bewegungsablaufs abgeschlossen sein, damit keine Fehler eine langwierige Korrektur notwendig machen. Diese ist nicht nur zeitaufwändig, sondern belastet auch die Körperstrukturen unnötig.

Wird das Manövertraining übertrieben und das Reiningpferd zu oft gestoppt, kann dies langfristig schädliche Auswirkungen auf den Knochen- und Sehnenapparat des Pferdes haben.

Ein sachtes, aber konzentriertes und sachgemäßes Vorgehen sind im Techniktraining darum zwingende Voraussetzungen.

Meistens kommt im Techniktraining die so genannte Ganzheitsmethode zum Einsatz, die den gesamten Ablauf des Manövers beinhaltet. Manchmal ist es aber auch sinnvoll, nur Teilbereiche eines Bewegungsablaufs zu trainieren. Damit kann man gezielte Korrekturen anbringen oder wichtige Bewegungsphasen trainingstechnisch hervorheben. Empfehlenswert ist die Teillernmethode auch, wenn es sich um mehrere zusammengesetzte Bewegungsabläufe handelt. Durch die Aufteilung in mehrere Teilbereiche beugt man einer psychischen, aber auch körperlichen Überforderung des Pferdes vor, das einen zusammenhängenden, möglicherweise komplizierten Bewegungsablauf noch nicht korrekt ausführen kann. Erst wenn die einzelnen Manöverteile ein gutes Fundament haben, können die Fragmente zu einem Ganzen zusammengefügt werden.

Ein Beispiel hierfür aus dem Westernsport: Das Manöver Roll back besteht aus drei Teilen: Den vorausgehenden Sliding Stop, die 180-Grad-Wendung auf der Hinterhand sowie das Herausgaloppieren in entgegengesetzter Richtung. Hier ist es immer sinnvoll, zunächst die drei Komponenten separat zu trainieren und sie später zu einem einzelnen Manöver zusammenzufügen. Würde der Reiter alle drei Komponenten stets als Ganzes trainieren, obwohl beispielsweise nur die Wendung einer Korrektur oder Verbesserung bedarf, wird das Pferd bei jedem Stop-Manöver unnötigen Belastungen unterzogen. Zudem ist es mental wesentlich schwieriger, den Bewegungsablauf aller drei Teile sauber abzurufen als sich auf einen Teil zu konzentrieren. Hier sollte sogar erst die Automatisierung aller drei Teile erfolgen, bis die Teilstücke des Manövers zu einem Ganzen zusammengefügt werden.

Der Roll back des Reiningpferdes besteht aus drei Teilen: dem vorausgehenden Stop, der Wendung und dem anschließenden Herausgaloppieren.

Das Psychotraining

Die sportliche Leistung kann mit Hilfe psychologischer Methoden wesentlich verbessert werden. Allerdings ist es im Pferdetraining nicht einfach, diese gezielt einzusetzen, weil das Pferd sie nicht bewusst umsetzen kann. Trotzdem wirken sich verschiedene Einflüsse des Reiters und Trainers auf die Psyche des Pferdes positiv oder negativ aus.

Allein schon die Nervosität oder Angst des Reiters vor der Prüfung verunsichert auch das Pferd. Der Reiter ist also in der Lage, sein Pferd psychisch zu beeinflussen. Wenn der Reiter ruhig und souverän agiert, wird ihm das Pferd vertrauensvoll folgen und selbst schwierige Aufgaben gut meistern.

Für gute Leistungen spielt unter anderem die Motivation eine große Rolle. Leistungsfähige und erfolgreiche Pferde sind immer hoch motiviert und ehrgeizig, was zum einen darauf zurückzuführen ist, dass sie sich in ihrer Rolle (als Turnierpferd) wohl fühlen, zum anderen darf man gewiss sein, dass der Reiter sein Training motivierend gestaltet hat. Besitzer von erfolgreichen Turnierpferden berichten oft, dass ihre Pferde »typische Showpferde« sind und gerne im Rampenlicht stehen. Sie haben keine Probleme mit Zuschauermassen – im Gegenteil, es gefällt ihnen, wenn um sie herum eine Menge los ist. Diese Einstellung kann man durch ein motivierendes Training auch unterstützen, aber sicher nicht von Grund auf erzeugen.

Ein motivierendes Training beinhaltet viel Abwechslung und ein hohes Potenzial an Lob für gute Leistungen. Obwohl viele Trainingsmethoden von Wiederholungen geprägt sind, sollte man diese stets im Rahmen halten und mit einer Trainingseinheit aufhören, bevor das Pferd den Spaß daran verliert.

Das psychische Leistungspotenzial beinhaltet aber nicht nur Motivation und Stressresistenz, sondern auch Faktoren wie Wahrnehmungsfähigkeit, Konzentration und Aufmerksamkeit. Diese erreicht man ebenfalls durch ein korrekt aufgebautes Training, das das Pferd zwar fordert, aber nicht überfordert.

Sollen Pferde motiviert bleiben, muss der Reiter das Training abwechslungsreich gestalten und gute Leistungen mit viel Lob begleiten.

Für den Reiter eignen sich psychische Trainingsmethoden wie Entspannungstechniken, Autosuggestion, mentales Training, autogenes Training oder pro- gressive Muskelentspan- nung als gute Grundlage, um ein Pferd in seinen Leistungen zu unterstützen.

Das gilt selbstverständlich sowohl für das Turnierpferd, das in der Reitbahn beispielsweise hohe Hindernisse springen soll, als auch für das Freizeit-Geländepferd, das all seinen Mut aufbringen muss, um an einem Mähdrescher vorbeizugehen.

Kapitel 5

Sowohl der Sport- als auch der Freizeitreiter müssen sich darüber im Klaren sein, dass die eigene Leistungsbereitschaft, Motivation und Zielsetzung nicht zwingend mit der des Pferdes übereinstimmen muss.

Obwohl die meisten Reitpferde über eine grundlegende Leistungsbereitschaft verfügen, hat diese ihre Grundlage im reflektorischen Verhalten des Pferdes und ist nicht bewusst gesteuert. Das Pferd hat auch keine Vorstellung von Trainingszielen oder Turniersiegen.

Pferdetraining
----
in der

Praxis

Der Gewinn eines Meistertitels kann für den Reiter ein anspornendes Motiv für das Training sein, nicht aber für das Pferd. Es fühlt bestenfalls die erhöhte Aufmerksamkeit nach einem bedeutenden Sieg, der ihm aber deshalb auch nicht bewusst ist. Diese Gegebenheiten muss der Reiter in seinem Training berücksichtigen und Verständnis dafür aufbringen, wenn dieses nicht immer »nach Plan« verläuft.

Die Trainingsplanung

Trotz vieler Unwägbarkeiten sollte sich der Reiter einen Trainingsplan ausarbeiten. Dieser muss ein klares, aber reales Ziel und gut durchstrukturierte Trainingsschritte enthalten. Eine Trainingsplanung beinhaltet die Abgrenzung von einzelnen Trainingsphasen. Diese unterteilen sich wiederum in konkrete Abschnitte. Letztendlich wird auch die einzelne Trainingseinheit in Phasen gegliedert. Selbst diese Phasen bestehen aus Teilschritten, die wohl überlegt angeordnet werden müssen, um einen sinnvollen Aufbau zu gewährleisten.

Ein Trainingsplan umfasst einen Zeitraum von mehreren Jahren. Innerhalb dieser Zeit können aber viele unvorhergesehene Situationen eintreten, die den Trainingsplan über Bord werfen und Umstrukturierungen erforderlich machen. Dies können längere Krankheiten und Verletzungen von Reiter und/oder Pferd sein. Je nach Reitsportdisziplin und örtlichen Trainingsgegebenheiten kann auch die Witterung eine Rolle spielen, persönliche Lebensumstände oder Änderungen der Ziele – die sich aus den unterschiedlichsten Gründen ergeben können. Zu berücksichtigen ist auch die jeweilige Ausgangsposition von Reiter und Pferd, die den Aufbau eines Trainingsplans grundlegend mitbestimmt. Da die persönliche Veranlagung, die genetische Disposition des Pferdes sowie äußere Umstände bei jedem Reiter-Pferd-Paar anders gelagert sind, kann es keinen Trainingsplan geben, der für jeden gültig ist. Allerdings müssen stets bestimmte Rahmenbedingungen beim Aufbau eines solchen Trainingsplans berücksichtigt werden, wenn das Training erfolgreich sein soll. Die grundlegende Struktur des Trainings ergibt sich aus dem Grundlagen- und dem Aufbautraining, das bereits eine detaillierte Spezialisierung auf bestimmte Disziplinen bedeutet. Im Grundlagentraining erarbeiten sich Reiter und Pferd eine gewisse Grundkondition, die körperliche und geistige Fitness für die Aufgaben garantiert, welche schließlich im Aufbautraining verlangt werden.

Das Grundlagentraining umfasst die gesamte Grundausbildung von Reiter und Pferd. Dieses Training kann für alle Reitsportdisziplinen ähnlich verlaufen und beinhaltet eine fundierte dressurmäßige Schulung in Anlehnung an die oder strikt nach der Ausbildungsskala. Denn für alle Pferde gilt, dass nur ein taktreines, losgelassenes Pferd entsprechenden Schwung entwickeln und sich letztendlich geraderichten kann, was für die folgende Versammlungsarbeit notwendig ist.

Unter einer Grundkondition versteht man auch den systematischen Muskelaufbau des Pferdes – insbesondere den des Pferderückens –, um die Kraft aufbringen zu können, Reiter ohne Schaden zu nehmen über längere Zeit und während verschiedener Lektionen zu tragen.

Zum Grundlagentraining gehört auch der gezielte Muskelaufbau des Pferderückens, der mit Kletterübungen im Gelände unterstützt werden kann.

Die Grundausbildung beinhaltet außerdem ein breit gefächertes Betätigungsfeld, um das Pferd vielseitig einzusetzen, was eine gleichmäßige Belastung bedeutet. Ein zukünftiges Springpferd soll deshalb nicht nur springgymnastisch ausgebildet werden, sondern auch dressur- und geländemäßig. Dadurch lassen sich Überlastungen vermeiden. Außerdem sorgt man damit für ein ausgeglichenes Verhältnis der Muskelverteilung. Muskeldysbalancen können so vermieden werden.

Nicht zu unterschätzen ist die psychische Auswirkung eines einseitigen Trainings, das sich aus einer zu frühen Spezialisierung ergibt. Das tägliche, einseitige Training wird stupide, das Pferd verliert die Motivation und die Leistungsbereitschaft sinkt. Letztendlich wird häufig auch erst das Grundlagentraining die Talente und Veranlagungen des Pferdes offenbaren, denn nicht immer hält die Abstammung auf dem Papier, was sie verspricht. Dies vermeidet den falschen Einsatz des Pferdes und erspart Misserfolge in einer Disziplin. Die daraufhin oft vorgenommene Umschulung des Pferdes erfordert wiederum einen ganz neuen Trainingsplan und den Beginn von vorne.

Im Grundlagentraining sollen also insbesondere die Ausdauer, Kondition, Kraft, Geschicklichkeit, Beweglichkeit und Koordination trainiert werden. Im Aufbautraining verbessert man die Punkte des Grundlagentrainings im Hinblick auf die Spezialisierung. Außerdem kommt das für die jeweilige Disziplin notwendige Techniktraining hinzu.

Die Bedeutung der Aufwärmphase

Während das Grundlagen- und Aufbautraining auf mehrere Jahre ausgelegt ist, wird auch jede einzelne Trainingseinheit, die in etwa lediglich 45 bis 60 Minuten dauert, strukturiert. Die einzelne Trainingsstunde ist in drei Teile gegliedert: Die Aufwärmphase, die Arbeitsphase und die Abwärmphase.

Jeder dieser Abschnitte ist mit viel Sorgfalt zu absolvieren. Während die Arbeitsphase durchaus kürzer ausfallen oder in bestimmten Fällen sogar fehlen darf, kann sich der Reiter die Aufwärm- und Abwärmphase keineswegs sparen.

In der Aufwärmphase wird das Pferd auf »Betriebstemperatur« gebracht und für das eigentliche Training (Arbeitsphase) vorbereitet. Wärmt man das Pferd vor der Arbeitsphase nicht genügend auf, kann es zu Verletzungen wie Muskel- und Sehnenzerrungen kommen. Eine zu kurze Aufwärmphase kann auch für frühe Verschleißerscheinungen verantwortlich sein.

Wer sein Pferd langfristig gesund erhalten und das Risiko von Verschleißerscheinungen und Verletzungen minimieren möchte, sollte der Aufwärmphase besondere Aufmerksamkeit schenken.

Das Aufwärmen beginnt mit einer Schrittphase am losen Zügel, die mindestens zehn Minuten umfasst. Während dieser Zeit verteilt sich die Synovia (Gelenkschmiere) in den Gelenken.

Durch die Bewegung der Gelenke, wobei im Schritt noch keine wesentliche Belastung erfolgt, wird die Gelenkschmiere warm und darum dünnflüssig. Auf diese Weise ist eine gleichmäßige Verteilung im Gelenk gewährleistet. Erst nachdem die Gelenkflüssigkeit gut verteilt ist, stellt die Synovia einen Schutz gegen Verschleiß und Verletzungen dar.

Ein Gelenk, das ungenügend »geschmiert« ist, reibt sich regelrecht auf. Es bilden sich Gelenkentzündungen und schließlich Arthrosen.

Das Aufwärmen des Pferdes beginnt mit einer ausgiebigen, mindestens zehnminütigen Schrittphase am losen Zügel.

In der kalten Jahreszeit und bei älteren Pferden empfiehlt es sich, die Schrittphasen länger zu halten. Es ist auch sinnvoll, die Zeitspanne anhand einer Uhr zu überwachen, weil man den Zeitraum der Schrittphase ansonsten zu oft unterschätzt.

Kann man das Aufwärmen verkürzen?

Verfechter von Offenstallhaltungen argumentieren, dass sich ihre Pferde insgesamt mehr bewegen und darum die Schrittphase beim Aufwärmen verkürzt werden könnte. Zwar läuft ein Offenstallpferd tatsächlich insgesamt mehr Kilometer pro Tag als ein Boxenpferd, das sich quasi nur umdrehen kann, trotzdem hat man keine Garantie, dass sich das Offenstallpferd exakt in der Zeit vor dem Training im Paddock bewegt hat. Auch Pferde, die sich den ganzen Tag über im Auslauf tummeln können, haben ihre ausgeprägten Ruhephasen, in denen sie über längere Zeit nur stehen und darum genauso »kalt« und unbeweglich unter den Sattel kommen wie ein Boxenpferd. Das Abkürzen der Aufwärmphase wäre darum sehr nachlässig.

Auch wenn Offenstallpferde einen Paddock zur Verfügung haben, hat man nicht die Garantie, dass sich die Pferde durch Bewegung warm halten.

Manche Pferdebesitzer sind auch der Meinung, dass sie ihre Pferde unter dem Solarium für die Arbeit aufwärmen könnten. Das ist ebenso falsch. Die meisten Infrarotstrahler, die in Pferdesolarien zum Einsatz kommen, haben kaum Tiefenwirkung und erwärmen lediglich die oberen Hautschichten, so dass von einem Aufwärmen der Muskulatur nicht die Rede sein kann. Andererseits wird das Pferd nur partiell erwärmt. Deshalb ist das Solarium kein Ersatz für korrektes Aufwärmen, bei dem der Stoffwechsel angeregt, das Herz-Kreislaufsystem und die Atmung in Schwung gebracht werden.

Die Aufwärmzeit kann demnach weder bei Pferden, die im Auslauf stehen, noch mittels eines Solariums verkürzt werden.

Nach der Schrittphase wird das Pferd im lockeren Trab weiter bewegt. Dabei kommt nun langsam auch das Herz-/Kreislauf- und Atemsystem in Schwung. Der Reiter sollte sein Pferd leichttraben, um den Rücken zu entlasten und eine lockere Vorwärtsbewegung zu gewährleisten. Im Gelände wechselt man alle fünfhundert Meter den Fuß, in der Reitbahn kommt der Handwechsel hinzu. Die Zügel sind nun aufgenommen, dass ein leichter Kontakt zum Pferdemaul besteht, man fordert aber noch keine Beizäumung.

Der Reiter sollte darauf achten, dass er beim Aufwärmen in der Reitbahn nur Bahnfiguren reitet, die große gebogene Linien beinhalten. Zu enge Wendungen während der Aufwärmphase sind zu stark belastend für die Sehnen und Gelenke. Somit sind Volten, jede Form von Drehungen, aber auch Stops in der Lösephase tabu.

Das Pferd wird etwa fünf Minuten getrabt, wobei es anschließend abschnauben sollte, was ein Anzeichen von Losgelassenheit ist. Nach einer kurzen Verschnaufpause folgen einige Minuten im lockeren Galopp, wiederum auf großen gebogenen Linien. Dabei eignet sich der Zirkel sehr gut, im Gelände darf es natürlich auch eine gerade Strecke sein.

Wichtig ist der Handwechsel, so dass das Pferd sowohl im Links- als auch im Rechtsgalopp aufgewärmt wird. Im Gelände wird das Pferd selbstverständlich auch auf beiden Händen galoppiert, um eine Einseitigkeit zu vermeiden.

Es folgt wiederum eine Verschnaufpause, bevor man anschließend in die Arbeitsphase übergeht oder noch weitere lösende Übungen (zum Beispiel Schenkelweichen) einbaut. Wann der Übergang zur Arbeitsphase erfolgt, hängt vom körperlichen und mentalen Zustand des Pferdes ab. Da die Muskulatur des Pferdes jetzt gut durchblutet und das Kreislaufsystem in

Zur Lösephase gehört auch das Galoppieren, aber stets auf großen gebogenen Linien wie beispielsweise auf dem Zirkel.

Ein Anzeichen von Losgelassenheit und Entspannung ist, wenn das Pferd den Hals fallen lässt und abschnaubt.

Gang gekommen ist, bieten sich nun (passive) Dehnübungen an. Hierzu muss sich auch der Reiter etwas bewegen, was sicherlich nicht schadet. Übrigens ist ein Aufwärmprogramm speziell für den Reiter eine sinnvolle Angelegenheit, denn ein lockerer, entspannter Reiter sitzt dynamischer und flexibler im Sattel als ein Reiter, der verspannt und steif ist. Auch die Hilfengebung kann effektiver, gefühlvoller und gezielter erfolgen.

Vom Boden aus kann der Reiter passive Dehnübungen des Halses nach oben und zu beiden Seiten durchführen. Auch aktive Dehnübungen sind mit der bereits beschriebenen Karottenübung zur Seite und mit der Verbeugeübung möglich. Bei der Verbeugeübung reicht der Reiter seinem Pferd einen Leckerbissen zwischen den Vorderbeinen. Weiter bieten sich Stellungslektionen und Gangartenübergänge an.

Das Dehnen der Gliedmaßen nach vorne und hinten sind zusätzliche praktische Übungen, die die Muskulatur für die Arbeitsphase vorbereiten.

Die gesamte Aufwärmphase dauert in der Regel etwa 20 bis 30 Minuten, wobei beachtet werden muss, dass die Dauer nicht von der Zeit bestimmt wird, sondern stets vom jeweiligen Zustand des Pferdes. Wenn sich ein Pferd nach 30 Minuten nicht gelöst hat, kann dies unterschiedliche Ursachen haben, denen man auf den Grund gehen sollte. Gleichgültig, welche Ursache hierfür verantwortlich ist, ein Übergang in die Arbeitsphase ist so lange nicht sinnvoll, so lange das Pferd nicht gelöst ist. So kann es durchaus passieren, dass man eine ganze Trainingseinheit an der Entspannung des Pferdes arbeitet und den Erfolg mit der Abwärmphase abschließt.

Ein Pferd ist gelöst, wenn es körperlich und geistig entspannt ist. Dies erreicht man aber nicht durch stark belastende Lektionen, sondern durch leichte Übungen, die den Puls lediglich auf 50 bis 75 Prozent der maximalen Herzfrequenz des Pferdes steigern und somit stets im aeroben Bereich liegen.

Die Arbeitsphase

Der Aufbau der Arbeitsphase richtet sich insbesondere nach den Trainingszielen. Da ein gesamter Trainingsplan in ein Fernziel, das möglicherweise erst nach Jahren erreicht werden kann, und verschiedenen Nah- beziehungsweise Teilzielen untergliedert ist, verfolgt man mit der Arbeitsphase detaillierte Ergebnisse. Je nach Disziplin können diese sehr unterschiedlichen Charakters sein. Ein Rennpferd bedarf eines Schnelligkeitstrainings und wird unter Berücksichtigung des festgelegten Trainingsprogramms möglicherweise einige Steigerungsläufe absolvieren. Die Belastung findet dabei nicht nur im aeroben, sondern stets auch im anaeroben Bereich statt.

Anders kann der Trainingsplan bei Distanz- und Wanderreitpferden ausgelegt sein. Hier sind nur aerobe Belastungsanforderungen gegeben, wodurch das anaerobe Training in den Hintergrund tritt. Der Schwerpunkt liegt auf der Ausdauerleistung.

Im Grundlagentraining sollte das Training aber vielseitig ablaufen, so dass durchaus auch anaerobe Leistungen abgefordert werden können. In der Arbeitsphase ist somit praktisch »alles erlaubt«, was zur Leistungssteigerung und Leistungserhaltung, allerdings immer unter dem Gesichtspunkt der Gesunderhaltung des Pferdes, beiträgt. Ein systematischer Aufbau hilft aber, die Trainingsziele mit denkbar wenig Aufwand, möglichst geringen Belastungen für das Pferd und zudem schneller zu erreichen.

Die Schwerpunkte des Trainings richten sich nach den jeweiligen Zielen beziehungsweise den Disziplinanforderungen.

Dennoch ist ein vielseitiges Training, das alle Leistungsfaktoren beinhaltet, anzustreben, um die Strukturen des Pferdes gleichmäßig zu belasten und Überforderungen zu vermeiden. In der Arbeitsphase gilt es deshalb auch, die richtige Reihenfolge der Trainingsabschnitte beizubehalten. Nach der Aufwärmphase kann sich sehr gut das Koordinations- und Techniktraining anschließen. Die nächsten Faktoren sind das Training von Schnelligkeit und Kraft, während das Ausdauertraining stets den Abschluss bildet.

Ein Geländepferd, das überwiegend bei Wanderritten und Distanzen eingesetzt wird, könnte nach der Aufwärmphase sehr gut Kletterstellen bewältigen oder Baumstämme überspringen. Diese Arbeit fördert die Koordination an den jeweiligen Hindernissen. Weil das Pferd am Anfang des Trainings noch gut bei Kräften ist, gelingt die Koordination am besten. Ein müdes Pferd hingegen würde hier Probleme bekommen, so dass eine Verbesserung kaum mehr möglich wäre.

Flotte Geländestrecken trainieren die Schnelligkeit, wobei das Pferd kurzzeitig im anaeroben Bereich arbeitet.

Flotte Strecken über gerade Feld- und Waldwege würden im Anschluss die Schnelligkeit trainieren, zusätzliche Sprünge oder Steigungen schulen die Kraft des Pferdes. In dieser Phase arbeitet das Pferd abwechselnd im aeroben und anaeroben Bereich.

Den Abschluss der Arbeitsphase bildet ein Ausdauertraining, das ausschließlich im aeroben Bereich stattfindet. Hierbei muss der Reiter darauf achten, dass das Pferd den aeroben Bereich nicht verlässt und die Geschwindigkeit beziehungsweise die Gangart darauf einstellt. Eine Überwachung der Trainingsbelastung (s. S. 156 – Herzfrequenzmessung) ist dringend zu empfehlen, um Überlastungen zu vermeiden.

Bei einem Dressurpferd könnte die Arbeitsphase ihren Schwerpunkt im Beweglichkeits-, Technik- und Krafttraining haben. Der Reiter arbeitet hier – bevorzugt in der aeroben Phase – am Bewegungsablauf einzelner Manöver und Lektionen. Die Manöver werden häufig wiederholt, um eine Automatisierung der Bewegungsmuster zu erzielen. Insbesondere wenn die Lektionen viel Kraft erfordern, sind erholsame Pausen zwischen den Manövern unabdingbarer Bestandteile der Arbeitsphase.

In diesen Erholungsphasen sollte dem Pferd gestattet werden, sich am losen Zügel vorwärts-abwärts zu strecken, damit sich alle angespannten Muskeln wieder dehnen können und somit für eine erneute Muskelspannung vorbereitet sind. Der Puls muss genügend Zeit erhalten, sich zu beruhigen, bevor eine Lektion erneut abgefordert wird. Dies widerstrebt zwar einigen Reitern, die ihren Pferden während der Arbeitsphase nicht gestatten, sich zu strecken. Das Argument lautet, dass die Pferde auseinander fallen und auf die Vorhand kommen. Dies ist durchaus der Fall, wenn eine vermeintliche Versammlung über die Hand erzwungen wird. Dies ist nach allen klassischen Ausbildungswegen jedoch nicht korrekt.

Ein reell trainiertes Pferd kann zwischendurch problemlos am losen Zügel pausieren. Dies gewährleistet, dass sich der Vierbeiner entspannen kann. Wird die Zügelverbindung während der Arbeitsphase jedoch nie aufgegeben, bleibt die Spannung über einen zu langen Zeitraum erhalten, was unweigerlich zu Verspannungen führt, die sich langfristig manifestieren können.

Wichtige Trainingsregel

Das Training von Pferden sollte zum Ziel haben, die Leistungen zu verbessern, aber nicht sofort zu perfektionieren. Da Perfektion sehr schwer erreicht werden kann, muss dieses Trainingsziel auf Langfristigkeit ausgelegt sein. Zu frühes Streben nach Perfektionismus überfordert das Pferd und frustriert den Reiter.

Die Dauer der Arbeitsphase kann sehr unterschiedlich sein. Sie ist auch nicht unbedingt relevant, viel wichtiger ist das Ergebnis. Ein Grundsatz ist besonders wichtig: Es muss keineswegs Perfektion erreicht werden, aber unbedingt eine Verbesserung. Wenn die Voraussetzungen des Trainings optimiert worden sind, gelingt eine Verbesserung von Lektionen oder Trainingsabschnitten recht leicht.

Wenn man die Grundsätze der Trainingslehre beherzigt, ist eine Leistungssteigerung die automatische Folge. Strebt man jedoch eine perfekte Leistung an, sei es, dass das Rennpferd in Bestzeit seine Runde galoppiert oder das Dressurpferd in Vollendung eine Lektion anbietet, überschreitet man recht schnell die Schwelle zur Überforderung. Meist ist das Pferd im Trainingszyklus noch gar nicht in der Lage, Höchstleistungen zu erbringen. Diese sollten stets auf das Ziel ausgerichtet sein, das sich möglicherweise in einem bestimmten Turnier oder einem bedeutsamen Event widerspiegelt.

Perfektionismus ist somit eine für die Trainingsphase negative Eigenschaft, wodurch der Reiter immer unzufrieden sein wird. Der Reiter und Trainer eines Pferdes ist dabei meist überehrgeizig und kann die Leistungsfähigkeit nicht korrekt einschätzen. Ein guter Trainer hingegen achtet deshalb nicht auf Perfektion, sondern auf Verbesserung. Im Training legt er sein Augenmerk zunächst auf die markanten Fehler, um diese zu verbessern. Der Feinschliff folgt in späterer Phase, wobei die kleineren Fehler ausgemerzt werden sollen. Zu diesem Zeitpunkt sollten aber grobe Fehler nicht mehr vorkommen, sonst gilt diesen zur Korrektur der Vorzug.

Der Fortschritt bestimmt die Dauer, wie lange an einer Lektion gearbeitet werden soll. Mit einer Verbesserung sollte man zufrieden sein. Diese kann schon nach zwei oder drei Wiederholungen eintreten. Arbeitet man noch länger an derselben Aufgabe, ermüdet das Pferd und die Ausführung kann dann nur noch schlechter werden. In diesem Fall hat man das Trainingsziel verfehlt. Deshalb ist nach einer Verbesserung der Ausführung der Übergang zur nächsten Übung sinnvoll. Die Arbeitsphase sollte im Allgemeinen nicht so weit ausgedehnt werden, dass das Pferd zu müde wird. Hier muss das Gefühl und Geschick des Reiters den richtigen Zeitpunkt für den Übergang in die Abwärmphase finden.

Die Abwärmphase

Die Bedeutung der Abwärmphase – oft auch als »Cool down« bezeichnet – wird sehr häufig unterschätzt. Es reicht beileibe nicht aus, ein Pferd nach der Arbeitsphase drei Runden am losen Zügel verschnaufen zu lassen und es dann in den Stall zu stellen. Die Abwärmphase orientiert sich zwar auch an der vorangegangenen Belastung, erfordert aber zudem bei geringen Leistungsanforderungen eine gewisse Aufmerksamkeit.

Zunächst muss sichergestellt sein, dass die Herzfrequenz den Ruhewerten des Pferdes nahe kommt. Ein Pferd darf im Training ruhig auch kräftig ins Schwitzen geraten, wenn entsprechende Erholungsphasen und ein korrekter Trainingsaufbau eine Überforderung ausschließen. Verschwitzte Pferde benötigen eine ausgiebige Zeit, um abzuschwitzen.

Zunächst wird ein Pferd nach Belastungsende eine gewisse Zeitspanne nachschwitzen. Im Anschluss daran erkaltet der Schweiß im Fell und führt schnell zur Auskühlung des Körpers. Darum ist es einsehbar, dass das Pferd langsam abkühlen soll, wobei der Schweiß abtrocknen muss.

Eine vernünftige Regel besagt, dass kein Pferd nassgeschwitzt in den Stall kommen soll. Bei sehr heißen Temperaturen unterstützen viele Reiter das Abkühlen durch eine Dusche und waschen damit den Schweiß aus dem Fell. Dies ist durchaus zu begrüßen, wenn das Pferd zuvor auf natürlichem Wege abgekühlt und der Schweiß zum Großteil getrocknet ist. Dann kann eine zusätzliche, erfrischende Dusche das Wohlbefinden des Pferdes steigern.

Muss Schwitzen sein?

Ob ein Pferd bei der Trainingsarbeit schwitzt, hängt von vielerlei Faktoren ab. Bei heißer Witterung im Sommer, aber auch bei milden Temperaturen im Winter schwitzen Pferde (wenn sie im Winter nicht geschoren sind) sehr schnell, selbst bei nur moderater Bewegung.

Das Training sollte der Witterung angepasst, also in diesem Fall zurückgefahren, werden, um den Kreislauf des Pferdes nicht zu überlasten. Ein Pferd muss im Training zwar nicht zwingend schwitzen, die Schweißbildung an sich ist aber auch nicht schädlich.

Für unerfahrene Reiter kann das Schwitzen des Pferdes unter anderem ein Gradmesser für die Belastungsdichte sein. Das Pferd sollte im Training nicht schweißgebadet sein. Wenn es an den Flanken, Brust und Schulter leicht feucht ist, kann man in der Regel von einem gesunden Trainingseinsatz ausgehen. Ob und wie viel ein Pferd schwitzt, hängt auch von der derzeitigen Kondition des Pferdes ab. Schlecht konditionierte Pferde schwitzen wesentlich schneller und schwitzen vor allem auch deutlich nach.

Selbst die Fütterung hat Einfluss auf die Schweißbildung des Pferdes. Zu viel Mais im Futter kann beispielsweise der Grund für übermäßiges Schwitzen sein. Nicht zuletzt bestimmt die Disziplin beziehungsweise der Einsatz des Pferdes über die Belastung und somit das Ausmaß des Schwitzens.

Bei heißen Temperaturen empfiehlt es sich, den Schweiß des Pferdes mit Wasser aus dem Fell zu waschen.

Bei sehr kalten Temperaturen kühlt das Pferd relativ schnell ab, wobei der Schweiß keine Chance hat, zuvor abzutrocknen. Der Vierbeiner steht in nassem Fell da und beginnt zu frieren. Um dies zu verhindern, muss das Pferd sehr langsam abgekühlt werden und deshalb noch lange in moderater Bewegung bleiben. Dabei soll das Pferd nicht mehr schwitzen, aber nicht so schnell auskühlen, dass es friert.

Wenn Offenstallpferde mit langem Winterfell schwitzen, ist das Eindecken mit eine speziellen Abschwitzdecke sinnvoll, um ein zu schnelles Auskühlen zu verhindern. Das Pferd sollte dabei aber in leichter Bewegung bleiben. Da die Trocknungsphase bei Pferden mit dichtem Winterfell viel Zeit in Anspruch nehmen kann, ist ein spezielles Winter-Erhaltungstraining empfehlenswert, bei dem auf Leistungserhaltung gearbeitet wird und das Pferd nicht ins Schwitzen gerät. Dies erfordert allerdings schon eine entsprechende Grundkondition, die über den Sommer aufgebaut werden muss.

Merke
Die Auf- und Abwärmphasen sind unverzichtbare und nicht abkürzbare Bestandteile des täglichen Trainings.

Die Abkühlphase besteht grundsätzlich aus mindestens zehn (bei leichtem Training) bis 20 (bei anstrengenderem Training) Minuten Schritt am losen Zügel. Dabei werden die meisten nassgeschwitzten Pferde noch nicht trocken. Dann verlängert sich die Schrittphase entsprechend. Auch nicht schwitzende Pferde sollten die Mindestzeitdauer von zehn Minuten im Schritt geritten werden.

Der Puls kann sich in dieser Zeit beruhigen und der Organismus wird sich langsam auf Ruhe einstellen. Ganz abgesehen vom »Schwitzpegel« des Pferdes gewährleistet eine leichte Bewegung, dass restliche Schlackestoffe aus der Muskulatur abtransportiert werden, die sich während des Trainings angesammelt haben (Stichwort: Laktat). Die Abwärmphase gewährleistet, dass sich die Muskulatur genügend lockert und entspannt. Das Pferd kann somit in entspanntem und angenehm müdem Zustand aus der Trainingseinheit entlassen werden.

Mit der Abwärmphase bereitet man den vierbeinigen Partner schon wieder auf die nächste Trainingseinheit vor. Ein ordentlich abgewärmtes Pferd wird sich in der kalten Jahreszeit keine Erkältung holen und geht mit einem vortcilhaften, entspannten Muskeltonus in die erholsame Regeneration zwischen den Trainingseinheiten. Erst dadurch kann die Trainingspause zur vollen Regeneration genutzt wer-

*In der Abwärmpha-
se bereitet man das
Pferd schon für die
nächste Trainings-
einheit vor.*

den. Wenn die Abwärmphase vernachlässigt wird, stellen sich neben weiteren gesundheitlichen Risiken insbesondere auch Muskelverspannungen ein, die schnell chronisch werden. Geht ein verspanntes Pferd in die nächste Trainingseinheit, wird man möglicherweise überhaupt nicht zur Arbeitsphase übergehen können, weil man genug zu tun hat, schon beim Aufwärmen die Muskelverspannungen des Pferdes zu lösen.

Bei einer Trainingseinheit von 60 Minuten kommen auf die einzelnen Phasen (Aufwärm-, Arbeits- und Abwärmphase) jeweils etwa 20 Minuten zu. Während die Arbeitsphase durchaus auch kürzer ausfallen kann, darf an der Aufwärm- und Abwärmphase nicht gespart werden, wenn man sein Pferd auf Dauer leistungsfähig und gesund erhalten will.

Kapitel 6

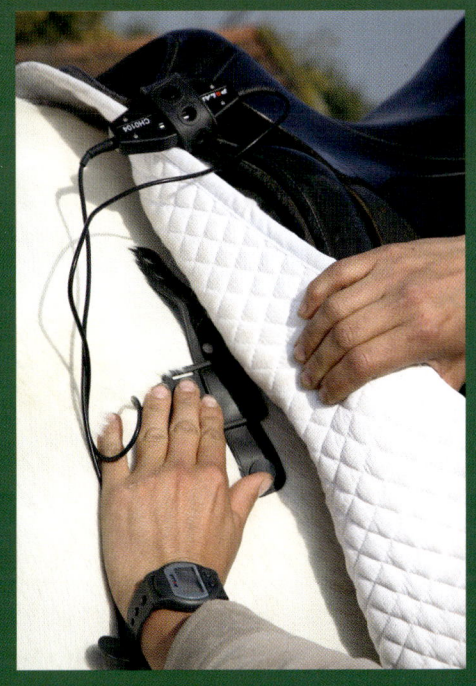

– weniger ausschlaggebende – Folge sein. Das Training zeigt hier dann nicht die Wirkung, die man erwartet hätte. Letztendlich macht das Training kaum mehr Spaß, wenn es nicht den gewünschten Erfolg bringt. Deshalb sollte das Training einem Kontrollsystem unterliegen, das die Fortschritte aufzeigt, aber auch die einzelnen Trainingsschritte überwacht, damit Fehler frühzeitig erkannt werden.

Obwohl oft Reiter und Trainer ihre Pferde »nach Gefühl« trainieren, kann dieses doch arg täuschen und das Pferd einer unfreiwilligen Überforderung aussetzen. Auch eine Unterforderung kann die

Trainingshilfen
----
und

-kontrolle

Über einen langen Zeitraum kann das Erstellen von Trainingsplänen helfen, das Training sinnvoll durchzustrukturieren. In Zwischenzielen, die aus kleineren Wettkämpfen oder Trainingsturnieren bestehen, kann man den derzeitigen Leistungsstand unter Wettkampfbedingungen abfragen und einordnen. Letztendlich sollte jede einzelne Trainingseinheit kontrolliert durchgeführt werden. In der Praxis bietet sich als Trainingsüberwachung die Atemkontrolle und Herzfrequenzmessung an, die jeder Reiter mit wenig Aufwand praktizieren kann. Die Laktatmessung ist eine weitere, allerdings aufwändige Möglichkeit, die Belastung zu überwachen. Hierfür ist eine Blutentnahme durch einen Tiermediziner erforderlich, der natürlich nicht jedem Reiter im Training zur Verfügung steht. Die Pulsmessung und die Ermittlung der Atemwerte jedoch kann auch ein Laie durchführen, so dass dies für den Durchschnittsreiter das Mittel der Wahl zur Trainingsüberwachung darstellt.

Herzfrequenzmessung

Viele Ausdauersportler überwachen ihren Trainingszustand mit Hilfe einer Pulsuhr. Im Pferdesport steckt dieses einfache System immer noch in den Kinderschuhen, obwohl es bereits erschwingliche Produkte von Herzfrequenzmessgeräten speziell für den Pferdesport gibt. Das Prinzip der Geräte ist stets dasselbe, nur ist es – im Gegensatz zu den Modellen der Humansportler – für die Messung am Pferd erforderlich, dass die Elektroden weiter auseinander gelegt werden können. Darum benötigt man spezielle Modelle, die für den Einsatz im Pferdesport gefertigt sind.

Die Pluselektrode wird beim Pferd unter den Sattel im oberen Schulterbereich gelegt, während die Minuselektrode unter den Sattelgurt hinter dem Ellbogen platziert wird. Für einen guten Kontakt sollte das Fell des Pferdes angefeuchtet werden. Die Elektroden halten durch die Gurtung recht gut, man kann sie aber noch mit zusätzlichen Klett- oder Klebebändern fixieren. Der Reiter trägt den Empfänger wie eine Uhr um das Handgelenk und kann zu jeder Zeit die aktuelle Herzfrequenz ablesen.

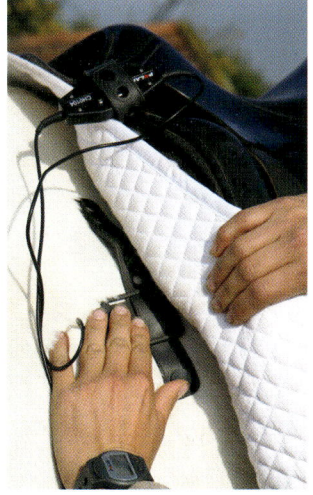

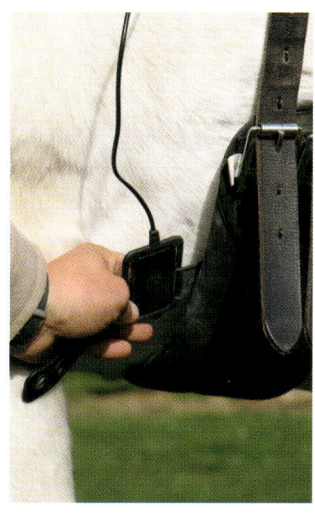

Die Pluselektrode des Herzfrequenzmessgeräts wird unter den Sattel im oberen Schulterbereich gelegt.

Die Minuselektrode kommt unter den Sattelgurt hinter dem Ellbogen zu liegen.

Der Reiter kann über den Empfänger am Handgelenk jederzeit die aktuelle Herzfrequenz des Pferdes ablesen.

Natürlich lässt sich der Puls auch an der Ganasche des Pferdes gut ertasten, so dass zumindest der Ruhepuls ermittelt werden kann. Während der Belastung allerdings ist eine Messung nicht möglich. Wenn die Belastung zur Messung des Pulses unterbrochen wird, sinkt die Herzfrequenz jedoch sofort wieder ab, so dass genaue Messungen, die für die Einschätzung der Leistungskontrolle notwendig sind, nicht möglich sind.

Um nun die Herzfrequenzwerte des Pferdes einschätzen zu können, muss der Reiter über einige Grundkenntnisse der »normalen« Pulsfrequenzen des Pferdes verfügen. Grundsätzlich sind die Pulswerte von Pferd zu Pferd verschieden, so dass hier gemachte Angaben nur als Orientierung zu verstehen sind. Der Reiter sollte die Pulswerte seines Pferdes darum als Kontrolle ermitteln, um diese Werte in die Trainingsplanung einbeziehen zu können.

Der Ruhepuls des Pferdes wird allgemein mit 28 bis 40 Herzschlägen pro Minute angegeben. Hier sieht man schon einen relativ großen Toleranzbereich. Dabei kann der Puls während der Schlafphasen des Pferdes noch weiter absinken.

Steigt der Ruhepuls um zehn oder mehr Schläge, sollte sich der Pferdebesitzer um die Gesundheit seines Tieres sorgen. Dies ist ein Anzeichen dafür, dass das Pferd gesundheitliche Probleme haben könnte, auch wenn sich dies im Verhalten des Pferdes noch nicht äußert. Zugleich ist auch die Atemfrequenz erhöht, die beim Pferd im Ruhezustand zwischen acht und 16 Atemzüge pro Minute als Normalwert angegeben wird.

Zu berücksichtigen ist bei der HF-Messung, dass schon kleinste Einflüsse auf das Pferd eine Erhöhung der Herzfrequenz auf über 100 Schläge bedeuten kann, die allerdings rein psychischer Natur sind. Der Puls des Pferdes kann beispielsweise rapide ansteigen, wenn der Futtermeister die Stalltüre öffnet oder der Reiter mit dem Sattel die Box betritt. Die Messung der Ruhefrequenz des Pulses sollte darum außerhalb der Futterzeiten und in absolut ruhiger Atmosphäre und vertrauter Umgebung stattfinden. Obwohl man aus der Human-Sportmedizin weiß, dass sich bei gut trainierten Athleten der Ruhepuls absenkt, kann man diese Aussage bei Pferden bislang aufgrund fehlender Forschungsergebnisse (noch) nicht bestätigen.

Für den Reiter und Trainer eines Pferdes ist zunächst wichtig zu wissen, in welchem Herzfrequenzbereich das Pferd arbeiten soll, um mit möglichst wenig Aufwand eine optimale Leistungssteigerung zu erzielen. Um ein besseres Verständnis für die Zusammenhänge zu bekommen und die spezielle Situation des einzelnen Pferdes einschätzen zu können, sollte der Reiter auch Kenntnis von der maximalen Herzfrequenz seines Pferdes haben. Diese wird mit einem Toleranzbereich von 220 bis 250 Schläge pro Minute angegeben. Beim Menschen ermittelt man die maximale Herzfrequenz (HF_{max}) mit der Formel 220 minus Lebensalter. Eine derartige Regel kann man beim Pferd allerdings (noch) nicht ableiten, weil auch hierzu die entsprechenden Testergebnisse fehlen.

Das Pferd kann bei höchsten Belastungen bereits nach zehn Sekunden seine maximale Herzfrequenz erreichen. Nach etwa 30 Sekunden ist bei intensivster Belastung gesichert, dass das Pferd seinen höchsten Pulswert erreicht hat. Darum ist es relativ einfach, die individuelle HF_{max} eines Pferdes zu ermitteln.

Um das Pferd tatsächlich zur Höchstleistung anzuspornen, eignen sich (ausnahmsweise) Wettrennen zwischen zwei oder mehr Pferden. Das Höchsttempo sollte bis zu 60 Sekunden aufrechterhalten werden,

Höchstwert in Rekordzeit

Die maximale Herzfrequenz liegt bei etwa 220 bis 250 Schläge pro Minute, wobei das Pferd diesen Wert bereits nach etwa zehn bis dreißig Sekunden höchster Anstrengung erreichen kann.

während man nach etwa einer halben Minute die Pulswerte fortlaufend abliest. Natürlich sollte dieser Test nicht zur Gewohnheit werden, weil die Gefahr besteht, dass die Pferde den Drang zum Durchgehen entwickeln, wenn man sie öfters in ihrer maximalen Geschwindigkeit laufen lässt. Wer dies bei seinem Pferd befürchtet und bevor der Reiter die Kontrolle über sein Reittier verliert, sollte man auf eine alternative Form der Höchstbelastung zurückgreifen. Hierfür lässt man das Pferd eine längere Steigung erklimmen. Natürlich sollte das Pferd für diese Maximalbelastungen stets intensivst aufgewärmt und nach dem Test wieder abgewärmt werden.

Bei höchsten Belastungen kann die maximale Herzfrequenz schon nach zehn Sekunden erreicht sein.

Die maximale Herzfrequenz sagt aber keineswegs etwas über die Leistungsfähigkeit des Pferdes aus. Die HF_{max} ist genetisch bedingt und kann auch nicht durch Training manipuliert werden.

Für den Reiter ist es nun wichtig, die idealen Trainingszonen festzulegen, die sich für sein Pferd und die entsprechenden Trainingsziele eignen. Dabei gilt es abzugrenzen, ob das Training überwiegend im aeroben Bereich (Ausdauerleistung) oder anaeroben Bereich stattfinden soll. Dabei wäre die Schwelle zu ermitteln, ab welcher Herzfrequenz der Stoffwechselprozess in den anaeroben Bereich übergeht.

Diese Grenze ist bei jedem Pferd anders, weil sie abhängig ist vom Trainingszustand, aber auch von Rasse, Typ, Alter, Geschlecht, Tages- und Jahreszeit, Wetter (Klima) und der psychischen Verfassung des Pferdes. Der Reiter muss diese Schwelle speziell für jedes Pferd separat ermitteln und auch die Änderungen bezüglich des Trainingszustandes berücksichtigen.

Zunächst ist es für den Reiter interessant festzustellen, in welchem HF-Modus sein Pferd in den jeweiligen Gangarten läuft. Weil die Geschwindigkeiten innerhalb der einzelnen Gangarten, die Größe des jeweiligen Pferdes und die Bewegungsmechanik sehr unterschiedlich sind, gibt es hier erhebliche Abweichungen.

Bei einer zehnjährigen Halbaraberstute, die sich in einem guten Trainingszustand befindet, können wir beispielsweise nach mehreren Kontrollen folgende Pulswerte festhalten: Fleißiger Schritt 60 HF/min, Arbeitstrab 100 HF/min, Arbeitsgalopp 140 HF/min, schneller Galopp 160 HF/min. Selbstverständlich ist die Aussage »schneller Galopp« immer relativ zu sehen. Die Höchstbelastung beim Renngalopp ergab etwa 220 Schläge pro Minute. Man kann davon ausgehen, dass die Schwelle von der aeroben zur anaeroben Belastung bei etwa 70 bis 80 Prozent des maximalen Pulswertes liegt. Somit lässt sich zumindest ganz grob einordnen, dass die Araberstute sogar im zügigen Galopp immer noch im aeroben Bereich arbeiten kann. Diese Erkenntnis hat für das Training als Distanzpferd entscheidenden Einfluss auf den Trainingsplan.

Werden jedoch nicht nur Ausdauerleistungen, sondern auch Maximalkraftleistungen abverlangt, wie es beispielsweise im Westernsport der Fall ist, können Reiningmanöver wie Sliding Stop, Spin oder blitzartige Wendungen im Cutting den Pulswert schlagartig nach oben treiben. Hierbei arbeitet das Pferd dann im anaeroben Bereich, welcher eine zwingende Pause nach sich zieht. In dieser Erholungsphase sollte die Herzfrequenz innerhalb von zwei bis drei Minuten einen Wert von etwa 100 Schlägen pro Minute erreichen. Erst dann kann das Pferd erneut unter Belastung genommen werden. Wird die Pause verkürzt oder hält man das Pferd zu lange im anaeroben Bereich, können sich Anzeichen von Überforderung einstellen. Unweigerlich jedoch sinkt die Leistungsfähigkeit des Pferdes, was dem Trainingsziel keineswegs zuträglich ist.

Die typischen Trainingsfehler sind dabei, dass die Pausen zu kurz waren oder die Belastung zu intensiv. Selbst wenn man sein Pferd

Bei einem Wettrennen zwischen zwei Pferden, kann man das Pferd leicht zu Höchstleistungen anspornen. Dies sollte aber nicht zur Gewohnheit werden, wenn man vermeiden möchte, dass das Pferd ständig pullt oder letztendlich gar durchgeht.

nur spazieren reitet, können Belastungsspitzen und sogar Überforderungsanzeichen eintreten. Ein Spazierreitpferd befindet sich in der Regel in einem mäßigen Trainingszustand, insbesondere wenn es nur sporadisch gearbeitet wird. Soll es am Wochenende nun plötzlich einen dreistündigen Ritt absolvieren, bei dem es möglicherweise über längere Strecken steile Passagen bewältigen muss, kann die HF schon bis zum Anschlag gehen. Ein trainiertes Pferd hingegen könnte dieselbe Anforderung hingegen problemlos und im aeroben Bereich bewältigen.

Im Cutting vollführt das Pferd schnelle Wendungen, die den Puls blitzartig in die Höhe treiben.

Die Pausen werden während einer Trainingseinheit immer wieder unterschätzt. Sie werden insbesondere bei anaeroben Trainingsbelastungen zu einem besonders wichtigen Faktor. Die Überprüfung der Herzfrequenz kann verhindern, das Pferd zu früh wieder unter Belastung zu nehmen. Als Faustregel kann man sich außerdem merken, dass die Pausen genauso bis doppelt so lange eingehalten werden sollten wie die Belastungsphasen, wenn man im aeroben Bereich arbeitet. Beim anaeroben Training müssen die Pausen mindestens fünfmal länger andauern als die Belastungsphasen, bei insgesamt weniger Wiederholungen der Übung.

Wettkampfmäßige Trainingsritte

Eine Trainingseinheit sollte stets auf die vorherige Reitstunde aufbauen, um dem Trainingsziel näher zu kommen. Das gesamte Training unterteilt sich in Trainingsphasen, die nicht nur das leistungssteigernde Training beinhalten, sondern auch Pausen und Phasen von reduzierten Trainingsinhalten.

Diese Ruhephasen werden im Pferdesport meist über die Wintermonate hinweg praktiziert – oft notgedrungen, weil die Trainingsbedingungen witterungsbedingt nicht optimal sind. Andererseits benötigen viele Pferde durchaus eine reduzierte Belastungsphase zur Regeneration und um Übertraining zu vermeiden.

Wettkämpfe und Turniere fallen in den Wintermonaten kaum an, so dass sich diese Monate für eine Trainingspause gut eignen. Dabei sollte das Pferd nicht komplett weggestellt, sondern die Grundkondition durch leichtes Bewegungstraining aufrechterhalten werden. Das Leistungsniveau sollte sich nicht stark absenken, das Training beläuft sich darauf, die Leistung zu erhalten. So bewegt sich das Leistungsniveau des Pferdes im Laufe der Monate und Jahre stets wellenförmig.

Die Leistungsspitze sollte dann erreicht sein, wenn ein wichtiger oder entscheidender Wettkampf (beispielsweise eine Meisterschaft) ansteht. Die Höchstleistung kann aber nicht über einen längeren Zeitraum aufrecht erhalten werden, deshalb ist es entscheidend, das Training so aufzubauen, dass die Leistungskurve dann ihren höchsten Punkt erreicht hat, wenn der entscheidende Wettkampf ansteht.

Zur Überprüfung der Leistung und zum Test, wie das Pferd einen Wettkampf sowohl physisch als auch psychisch verkraftet, ist nach dem größten Teil des aufbauenden Trainings ein Testwettkampf sinnvoll. Hierbei soll die Leistung des Pferdes unter Turnier- beziehungsweise Wettkampfbedingungen getestet werden. Man nutzt hierfür ein kleineres, unwichtiges Turnier und absolviert dieses »trainingsmäßig«. Es geht dabei nicht um die Höchstleistung, sondern um einen Test, in welcher Verfassung das Pferd derzeit ist.

Solche Trainingsturniere werden auch dafür genutzt, um Pferde zu korrigieren, die beispielsweise durch zu hohe Anforderungen und extremen Stress turniersauer geworden sind. Trainingsturniere sind deshalb auch wichtig, um von vorne herein zu vermeiden, dass die Pferde turniersauer werden. Der Stress, auf Wettkämpfen ständig Höchstleistung erbringen zu müssen, überfordert so manches Pferd, vor allem, wenn diese Spitzenleistungen zu oft verlangt werden. Diese Erwartung kann kein Pferd auf Dauer erfüllen, was zu einem starken Leistungsabfall – insbesondere im psychischen, aber auch im physischen Bereich führt.

Darum sollte man zwei- bis dreimal im Jahr kleinere Turniere zu Trainingszwecken nutzen und dabei den Leistungsdruck reduziert halten, damit sich das Pferd nicht überfordert fühlt.

Trainingspläne

Jeder Reiter sollte sich einen speziellen Trainingsplan für sein Pferd und die jeweiligen reitsportlichen Ziele erstellen. Ein gut durchdachter Trainingsplan verhindert frühzeitigen Verschleiß und Überforderung des Pferdes und unterstützt dessen Gesundheit. Er sollte abwechslungsreich erstellt werden, um die Leistungsbereitschaft des Pferdes zu erhalten, aber auch um die Strukturen (Muskeln, Sehnen, Bänder, Knochen) einer gleichmäßigen Belastung zu unterziehen, die langfristig eine Stärkung erfahren.

So soll das Dressurpferd sowohl im Gelände als auch im Springparcours Trainingseinheiten vollziehen, und das Distanz- oder Geländepferd auch Dressurlektionen im Viereck üben. Dem Reiningpferd tun Trailhindernisse zur Abwechslung gut und das Rennpferd freut sich auch mal über einen langsamen Spazierritt.

Obwohl ab einem gewissen Zeitpunkt eine Spezialisierung (auf eine Disziplin) eintreten muss, um ein Trainingsziel zu erreichen, sollte das Training zwar schwerpunktmäßig, aber nicht ausschließlich auf dieses Ziel ausgerichtet sein. Ein vielseitiges Training bringt langfristig auch mehr Erfolg in der Spezialisierung, weil Überforderungen vermieden werden.

Wenn der entscheidende Wettkampf ansteht, sollte das Pferd auf den Punkt fit sein.

Der Trainingsplan umfasst einen zeitlichen Rahmen, die Trainingsmittel, -inhalte und -methoden. Zunächst muss man unterscheiden, ob das Leistungsziel vorwiegend Ausdauerleistungen (das Training verläuft dabei schwerpunktmäßig im aeroben Bereich) oder Sprintleistungen, die Schnelligkeit und Kraftleistungen abverlangen (welche überwiegend eine anaerobe Trainingsleistung erfordern) beinhaltet. Grundsätzlich verschiebt sich die aerobe Schwelle mit zunehmender Konditionierung. Das bedeutet, dass je besser ein Pferd trainiert ist, desto ausdauernder wird

*Um einen Trainings-
plan zu entwerfen,
müssen zunächst die
Ziele und die Art der
Trainingsbelastung
bekannt sein.*

es und desto länger kann es im aeroben Bereich arbeiten. Auch bei Leistungszielen, die im anaeroben Bereich liegen (Kurzstreckenrennen), sollte das Training überwiegend im aeroben Bereich stattfinden. Die Wettkampfleistung muss im Training nicht erreicht werden, weil die Leistung dabei an das Spitzenniveau heranreicht und schließlich abfällt. Trainiert man beispielsweise auf einen 60 km langen Distanzritt, ist es zum einen nicht sinnvoll und zum anderen auch nicht notwendig, im Training 60 km weit zu reiten. Vielmehr kann das Pferd über kürzere Strecken so gut konditioniert werden, dass es schließlich einen 60 km langen Ritt absolvieren kann.

Bei aeroben Leistungszielen ist es aber auch problematisch, nur im aeroben Bereich zu trainieren, weil mit zunehmender Trainingsleistung immer weitere Strecken geritten werden müssten, um eine weitere Leistungssteigerung zu erreichen. Deshalb ist es auch sinnvoll, bei aeroben Trainingszielen wie Wanderritte anaerobe Trainingsphasen mit einzubauen.

Ein gutes Training besteht also aus einer Mischung von aeroben und anaeroben Trainingseinheiten und einem grundsätzlich vielseitigen Trainings aufbau. Dabei sind die Pausen und leistungsreduzierte Trainingsphasen nicht zu vergessen. Sie sind wichtig für die Regeneration des Körpers und stellen die Basis für eine Leistungssteigerung dar. Anstrengende Intervalltrainingsphasen (anaerob) sollten höchstens ein bis zweimal die Woche im Trainingsplan stehen. Je intensiver das Training, desto längere Regenerationszeiten sind erforderlich. Nach einem anstrengenden Training benötigt das Pferd drei bis vier Tage zur Erholung, was jedoch nicht bedeutet, dass das Pferd in der Box bleiben soll, sondern vielmehr dass die Trainingsanforderungen in den nächsten Tagen reduziert werden sollten.

Für den Erwerb der Grundkondition beziehungsweise für ein Basistraining, das noch keiner Spezialisierung unterworfen ist, könnte ein abwechslungsreicher Trainingsplan über mehrere Wochen wie folgt aussehen:

Erste und zweite Woche: Ausritte sowie Training am Reitplatz (bzw. in der Halle) mit 80 Prozent Schrittarbeit und 20 Prozent Trab. Galopp kann zusätzlich in der Lösephase und gegebenenfalls in kurzen Reprisen gefordert werden. Diese Leistung über 30 bis 90 Minuten steigernd.

Dritte bis vierte Woche: Training wie oben, dabei zusätzlich zweimal pro Woche leichte Dressurarbeit über 45 Minuten, wobei verschiedene Lektionen erarbeitet werden, die zusätzlich ein gewisses Krafttraining für das Pferd darstellen.

Fünfte Woche: Ausritte wie oben, inklusive leichte Kletterarbeit im Gelände, zusätzlich zweimal Dressur- und einmal Springtraining. Das Springtraining orientiert sich bereits am Trainingsziel. Bei Pferden, die in Disziplinen trainiert werden, die kein Springen beinhalten, genügt eine Springgymnastik über Cavaletti zur Steigerung der Koordination und Kraft. Bei Springpferden wird dieses Training schon etwas intensiviert, eventuell mit höheren Sprüngen.

Sechste bis zehnte Woche: zweimal Dressurarbeit, einmal Springarbeit (jeweils steigende Intensität), einmal pro Woche Longenarbeit mit Gymnastizierungselementen wie Springen über Cavaletti, zweimal Ausritte mit Kletterstrecken und längeren Galoppphasen, einmal pro Woche ein ruhiger Ausritt im Schritt als Erholungsphase, alternativ Mitnahme als Handpferd oder Koppelgang.

Nach etwa drei Monaten kann man von einer gewissen Grundkondition des Pferdes sprechen, die schließlich eine weitere Spezialisierung für bestimmte Trainingsziele zulassen. Ein Pferd, das vorübergehend im Training »zurückgefahren« wurde (Winterpause oder Verletzungspause), wird schneller wieder fit als ein untrainiertes Pferd. Für den Trainingsplan müssen die jeweiligen Umstände berücksichtigt werden.

Ein häufiger Fehler im Trainingsplan beziehungsweise der praktischen Umsetzung ist, in Extreme zu verfallen. Nach einem anstrengenden Training oder Wettkampf sollte das Pferd am nächsten Tag

Hier ein Beispiel für eine Trainingseinheit eines Pferdes im Gelände, das eine gewisse Grundkondition bereits aufweist:

Aufwärmphase: Zehn bis 15 Minuten Schritt am losen Zügel, fünf Minuten Trab und drei Minuten Galopp auf großen gebogenen oder geraden Linien; Handwechsel nicht vergessen! Zwei Minuten Schritt zur Entspannung;

Arbeitsphase: Fünf Minuten Trab mit wechselnden Tempi; 150 Meter flotter Galopp (Schnelligkeitstraining), danach drei Minuten Erholungsphase im Schritt, dreimal wiederholen; 20 Meter Kletterstelle (Krafttraining), drei Minuten Erholungsphase (der Zeitraum der Erholungsphase ist ein Richtwert und sollte sich nach den Pulswerten des Pferdes richten), fünfmalige Wiederholung;

20 Meter Kletterstelle im Trab oder Galopp (Schnellkrafttraining), fünf Minuten Erholung im Schritt, etwa dreimal wiederholen;

Fünf Minuten Galopp bei etwa 70 Prozent der Höchstpulsfrequenz (Ausdauertraining), Pause bis fast zur vollständigen Erholung, dann zweimalige Wiederholung;

Abwärmphase: Zehn bis 20 Minuten Schritt am losen Zügel, zwischendurch für die Lockerung der Muskulatur kurze Trabpassagen. Die letzten zehn Minuten nur im Schritt bis zur vollständigen Erholung. Danach helfen Massagen, Stretching und weitere »Wellness«-Maßnahmen zur besseren Regeneration.

nicht »zur Belohnung« in der Box stehen bleiben. Dies fördert Muskelprobleme wie Kreuzverschlag und Muskelkater. Vielmehr sollte eine Belastungsspitze moderat aufgebaut und ebenso langsam wieder abgebaut werden. Darum wird der Tag nach einem intensiven Training oder einem Wettkampf mit einem leichten Bewegungsprogramm gefüllt, der in einen lockeren Ausritt münden kann oder einer leichten Gymnastizierungsarbeit.

Erst am darauf folgenden Tag darf ein Ruhetag in Form von Koppelgang eingeschoben werden. Danach baut man das Training wieder kontinuierlich auf und steigert die Belastung von Tag zu Tag, um sie schließlich wieder langsam abzubauen und in einem Ruhetag ausklingen zu lassen.

Der Trainingsplan ist für jedes Pferd individuell, dennoch kann zumindest für das Training, die Steigerung und Erhaltung der Grundkondition ein pauschaler Vorschlag gemacht werden.

Kapitel 7

Die Pflege des Pferdes erstreckt sich nicht allein über das tägliche Bürsten und die regelmäßige Gesundheitskontrolle. Verschiedene weiterführende Maßnahmen unterstützen die Fitness und die Gesunderhaltung zusätzlich. Nicht nur das Sportpferd, sondern auch der vierbeinige Freizeitpartner ist dankbar für eine besondere Pflege, die zur Leistungssteigerung und zum Wohlbefinden beiträgt. Nicht zuletzt wird auch die Beziehung zwischen Reiter und Pferd gestärkt und die Harmonie gesteigert. Schon diese Tatsache unterstützt die Leistungsfähigkeit.

Maßnahmen
zur Erhaltung von
Gesundheit
und
Fitness

Siege werden im Stall errungen

Während eine ausgewogene Fütterung und ein artgerechter Stall immer öfter schon als Voraussetzung gesehen werden, damit das Pferd gesund und leistungsfähig bleibt, bleiben regelmäßige Zahnkontrolle, ein unterstützender Beschlag oder eine passende Ausrüstung manchmal nur Randthemen, denen man zu wenig Beachtung schenkt. Häufig verlässt man sich dabei auf Fachleute, die allerdings nicht immer in der Lage sind, dem jeweiligen Pferd gerecht zu werden.

Der Pferdebesitzer kennt sein Pferd am besten, deshalb sind Fachleute wie Tierärzte, Hufschmied und Therapeut auf dessen Mitarbeit angewiesen, um die bestmögliche Lösung für das jeweilige Pferd zu finden. Meist wird der Pferdebesitzer erst tätig, wenn sich bereits Probleme eingestellt haben. Mit der Korrektur des vorangegangenen Versäumnisses verschwendet man unnötig Zeit, die der wertvollen Trainingszeit verloren geht. Auch wenn es sich »lediglich« um ein Freizeitpferd handelt, verliert der Pferdebesitzer viele harmonievolle Stunden mit seinem vierbeinigen Partner.

Um dies zu vermeiden, sollte man eine umfassende Vorsorge betreiben, die über einen ordentlichen, artgerechten Stall, eine gut durchdachte Fütterung und die medizinische Versorgung mit Wurmkuren und Impfungen hinaus geht.

Wenn das Pferd beim Reiten Anlehnungsprobleme hat, wechseln viele Reiter zunächst einmal das Gebiss und manchmal auch die Trainingsmethode, bevor schließlich der Tierarzt zur Rate gezogen wird, der dann die Zähne kontrolliert.

Oft stellen sich dabei Entzündungen und Zahnhaken heraus, die die Maulprobleme verursachen. Bevor es zu diesen schmerzhaften Symptomen kommt, die zunächst reiterliche und später auch gesundheitliche Probleme nach sich ziehen können, sollte im Vorfeld eine Kontrolle der Zähne zweimal im Jahr (am besten gleich bei den Impfterminen mit einplanen) durchgeführt werden.

Je früher notwendige Behandlungen durchgeführt werden können, umso besser. Bestehen Zahnprobleme über einen längeren Zeitraum, kann das Pferd sein Futter oft nicht mehr richtig kauen und verdauen. Die Folge können eine vermehrte Anfälligkeit auf Koliken oder

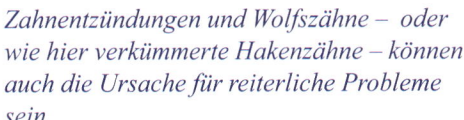

Zahnentzündungen und Wolfszähne – oder wie hier verkümmerte Hakenzähne – können auch die Ursache für reiterliche Probleme sein.

Bei Anlehnungsproblemen gilt es zunächst, die Passform des Gebisses zu überprüfen.

schließlich auch Abmagerung sein. Ist das Pferd abgemagert, musste es schon eine geraume Zeit leiden, was unbedingt im Vorfeld verhindert werden sollte.

Neben dem Tierarzt muss auch der Hufschmied regelmäßig auf der Matte stehen, damit Fehlstellungen korrigiert werden können und die Hufe mit dem notwendigen Schutz ausgerüstet und der entsprechenden Pflege unterzogen werden.

Überfälliger Hufbeschlag belastet häufig die Gelenke und Sehnen zu stark, was natürlich die Leistungsfähigkeit einschränkt, aber auch die Gesundheit des Pferdes gefährdet. Freizeitreiter und Sportreiter sind hier gleichermaßen gefordert, eine gute Pflege der Hufe sicherzustellen. Hufschmiede, die unzuverlässig sind und ihre Termine nicht einhalten, haben nicht das nötige Verantwortungsbewusstsein gegenüber dem Pferd. Auch wenn sie sonst eine gute Arbeit leisten, sollte man sich nach einem anderen Hufschmied umsehen, auf den man sich verlassen kann.

Sicherlich können Notfälle einen Termin mal platzen lassen, doch wenn der Beschlagsrhythmus dauerhaft nicht eingehalten werden kann oder der Schmied bei verlorenen Eisen oder einem lahmenden Pferd keine Zeit oder Lust hat, auch mal außer der Reihe vorbeizuschauen, ist die Versorgung und Pflege der Hufe nicht sichergestellt. Darüber sollte sich der Reiter Gedanken machen.

Nicht zuletzt liegt es auch am Pferdebesitzer, seine Kenntnisse um die Pflege – und somit auch die Hufpflege – seines Pferdes entsprechend

Maßnahmen zur Erhaltung von Gesundheit und Fitness

Eine korrekt ange-passte Ausrüstung ist ein wichtiger Aspekt für das Wohl-befinden des Pfer-des.
Beim Gebiss muss man insbesondere auf die richtige Dicke und Breite achten.

zu erweitern. Nur so ist es ihm möglich, die Arbeit des Hufschmieds zu beurteilen, was ihm ermöglicht, sich aus dem Berufszweig der Hufschmiede den besten herauszusuchen.

Ein weiterer wichtiger Aspekt ist die korrekte Ausrüstung, die sich natürlich auch wieder nach der Disziplin und der jeweiligen Reitweise richtet.

Dennoch sind Reitweise und Disziplin unabhängig davon, dass die Ausrüstung grundsätzlich passen muss. Sehr häufig kommen Sättel zum Einsatz, die langfristig Satteldruck verursachen. Die Folgen davon sind nicht nur schmerzhafte Druckstellen in der Sattellage, sondern können auch den gesamten Pferdekörper in Mitleidenschaft ziehen.

Am harmlosesten sind noch muskuläre Verspannungen, die sich allerdings schnell weiterentwickeln und folglich Muskeldysbalancen, Muskelverkürzungen und Verkrampfungen ergeben. Weiterführend stellen sich Wirbelblockaden ein, daraufhin können sich schließlich (sekundäre) Rückenprobleme aller Art sowie Lahmheiten und sogar Organprobleme entwickeln. Die Ausrede, man würde keinen passenden Sattel finden, ist oft nur ein Vorwand dafür, dass man nicht das Geld für einen passenden Sattel investieren möchte. Leider sind gute Sättel wirklich sehr teuer, allerdings sollte einem die Gesundheit seines Pferdes die Investition Wert sein.

Dasselbe gilt auch für alle anderen Ausrüstungsgegenstände, die man beim Training des Pferdes verwendet. Dass der Einsatz jeglicher Ausrüstung, insbesondere aber von Hilfszügeln und Gebissen, wohl überlegt sein muss, sollte eine Selbstverständlichkeit sein. Es gilt dabei nicht nur den momentanen Effekt zu sehen, sondern auch die langfristigen Auswirkungen zu beurteilen.

Bei Gebissen muss insbesondere auf die richtige Breite und Dicke des Gebisses geachtet werden. Das Gebiss muss der Maulform des Pferdes angepasst werden. Zu enge Mundstücke zwängen die Lefzen ein, zu weite hingegen liegen unruhig im Maul und ergeben eine unangenehme Hebelwirkung, was den Nussknackereffekt bei einfach gebrochenen Gebissen verstärkt.

Natürlich sollte die Ausrüstung einer ständigen Kontrolle durch den Reiter unterzogen werden. Dabei überprüft man die Funktionalität und Sicherheit der Ausrüstung. Zusätzlich sollte man stets darauf Bedacht sein, dass das Equipment ordentlich und sauber ist, damit es nicht zu Scheuerstellen kommen kann.

All diese Aspekte tragen beim Freizeitpferd zu mehr Harmonie und Freude bei, beim Sportpferd unterstützen die Maßnahmen, die im Stall ergriffen werden, das Training und stellen somit die besten Voraussetzungen für einen erfolgreichen Wettkampf dar. Nicht umsonst wurde der Satz »Siege werden im Stall errungen« geprägt.

Das Pferd in der Rekonvaleszenz

Auch wenn man noch so umsichtig ist, die Möglichkeit, dass sich ein Pferd mal verletzt, ist immer gegeben. Auf unebenem Boden kann sich der Vierbeiner schnell mal das Bein vertreten. Das kann auf der Koppel ebenso passieren wie im Training. Trotz umfassenden Aufwärmens ist man vor einem Fehltritt nicht gefeit, der Sehnen- oder Muskelstrukturen überlastet und somit zu einer Verletzung führt.

Die Erste Hilfe ist bei einer Verletzung enorm wichtig, weil damit die Heilungsdauer stark beeinflusst werden kann. Selbstverständlich dürfen verletzte Pferde nicht belastet werden. Beginnt ein Pferd auf einem Ausritt zu lahmen, gilt es abzusteigen und das Pferd auf kürzestem Weg langsam nach Hause zu führen (vorausgesetzt, die Lahmheit ist nicht auf einen eingetretenen Stein zurückzuführen, den man vor Ort leicht entfernen kann). Optional kann auch ein Hängertransport in Erwägung gezogen werden. Die Entscheidung hängt von den jeweiligen Umständen ab. Auch die Art der Verletzung ist ausschlaggebend für die Form der Ersten-Hilfe-Maßnahme und anschließenden Weiterbehandlung.

Wenn das Pferd bei einem Ausritt zu lahmen beginnt, sollte der Reiter sofort absteigen und führen. Optional ist auch zu überlegen, ob ein Hängertransport organisiert werden kann.

Der Pferdebesitzer sollte deshalb in Erster Hilfe gut geschult sein und sein Wissen durch Seminare immer wieder auffrischen. Damit kann er seinem Pferd unnötige Schmerzen ersparen und zu einer schnelleren Heilung beitragen. Die Verletzungspause kann somit verkürzt werden und das Pferd erreicht schneller seine Fitness zurück. Allerdings sollte man sich davor hüten, ein Pferd zu früh wieder ins Training zu nehmen, weil noch nicht vollkommen ausgeheilte Verletzungen wieder aufbrechen könnten und eine Heilung verzögert würde. Die Verletzung kann bei längerer Dauer oder wiederholter Reizung der verletzten Struktur chronisch werden. Das Pferd wird in diesem Bereich letztendlich dauerhaft sensibel bleiben.

Besondere Vorsicht ist bei Sehnenverletzungen geboten, weil diese sehr lange Zeit benötigen, um auszuheilen. Die Heilung kann sich bis zu einem Jahr hinziehen – je nach Schweregrad der Verletzung. Die Vorgaben des Tierarztes sind dabei strikt einzuhalten. Zusätzlich kann man die Heilung unterstützen, gegebenenfalls durch spezielle Futterzusätze und physiotherapeutische Maßnahmen. Dies erfordert sicherlich mehr Geld- und Zeitaufwand, aber die Gesundheit des Pferdes muss den Einsatz Wert sein.

Bei einer akuten Verletzung entwickeln sich meist Wärme und Schwellungen am verletzten Bereich. Bis zum Eintreffen des Tierarztes, der eine genaue Diagnose stellen wird, sollte man die betroffene Stelle kühlen. Dies mindert den Schmerz und hält die Schwellung in Grenzen. Hierzu eignen sich so genannte Cold Packs, die man immer im Gefrierschrank vorrätig haben sollte.

Die kalten Gelkissen werden in ein altes Handtuch geschlagen und auf den verletzten Bereich aufgelegt. Sinnvoll ist alternativ auch das Abspritzen mit kaltem Wasser aus dem Gartenschlauch. Diese Maßnahmen sind bei stumpfen Verletzungen angebracht.

Offene Verletzungen werden mit klarem Wasser ausgespült und gegebenenfalls steril verbunden. Starke Blutungen stillt man mit einem Druckverband. Tiefe Verletzungen dürfen weder mit Puder noch mit Desinfektionsspray behandelt werden, weil der Tierarzt die Wunde dann nicht mehr korrekt beurteilen kann. Nur oberflächliche Kratzer können mit Blauspray versorgt werden. Bei subakuten Verletzungen hilft häufig eine wechselnde Anwendung von Kälte und Wärme.

Chronische Verletzungen hingegen sprechen am besten auf Wärme an. Eine typische chronische Degenerationserscheinung ist die Arthrose, welche im akuten Stadium (Entzündungsprozess) Arthritis heißt. Bei einer Arthritis helfen kühlende Maßnahmen, bei der chronischen Arthrose dagegen Wärmeanwendungen.

Je nach Verletzungsart sollte das Pferd möglichst nicht in der Box stehen bleiben. Wenn der Tierarzt eine leichte Bewegung erlaubt, sollte man die Gelegenheit nutzen und ausgiebige Spaziergänge, bei denen man das Pferd am Halfter mitführt, unternehmen.

Oft helfen Maßnahmen nach der Devise »Bewegung ohne Belastung« hervorragend, um den Heilungsprozess zu beschleunigen. Das sind in der Regel Schrittausflüge am Führstrick, eventuell auch in der Führmaschine (wenn das Gehen auf gebogenen Linien nicht nachteilig bewertet wird). Koppelgang ist nur in Ausnahmefällen möglich, denn man hat dabei keinen Einfluss darauf, ob sich das Pferd nicht auch im Galopp austobt und den verletzten Strukturen dabei mehr schadet als nützt.

Wenn das Pferd trotz Verletzung in Bewegung bleiben kann, hat man gute Karten für eine schnelle Genesung. Bei Sehnenverletzungen ist tägliches Führen auf harten Wegen das Mittel der Wahl.

Bei Gelenk- und Knochenproblemen hingegen wählt man lieber weiches Geläuf. In manchen Rehakliniken erhalten die Pferde Schwimmtraining. Dabei wird das Herz-/Kreislaufsystem trainiert und die Muskulatur aufgebaut. Zugleich jedoch schont man den Knochen- und Gelenkapparat des Pferdes. Trotz Verletzung kann das Pferd auf diese Weise fit gehalten werden. Ein negativer Aspekt des Schwimmtrainings ist allerdings, dass die Pferde den Rücken durchdrücken müssen, um mit dem Kopf über Wasser zu bleiben. Deshalb ist man neuerdings dazu übergegangen, die Pferde im brusthohen Wasser lieber laufen zu lassen.

Bei Beinverletzungen können auch Dehnübungen sinnvolle Maßnahmen sein, um die Muskulatur geschmeidig und die Gelenke beweglich zu erhalten, während die Verletzung ausheilen kann.

Der Pferdebesitzer kann aber auch selbst tätig werden und die eine oder andere physiotherapeutische Maßnahme anwenden. Sie können bei Verletzungen helfen, aber auch das Training, die Gesundheit und

Wer rastet, der rostet!
Reizlosigkeit oder zu geringe Reize führen zur Verkümmerung. Darum sollte man stets bestrebt sein, immer in Bewegung zu bleiben, um die erlangte Kondition und Konstitution zu erhalten. Auch in Verletzungspausen sollte man wenn möglich nach dem Prinzip »Bewegung ohne Belastung« arbeiten, wenn dies der Tierarzt erlaubt. Damit regt man Kreislauf, Atmung und Stoffwechsel an und unterstützt die Heilung der verletzten Strukturen. Zudem kann man verhindern, dass das Niveau des Trainingszustands zu stark abfällt.

das Wohlbefinden des Pferdes unterstützen. Sowohl das gesunde als auch das kranke beziehungsweise verletzte Pferd sollte vom Besitzer, Tierarzt, Schmied und einem Physiotherapeuten betreut werden.

Physiotherapeutische Maßnahmen

Die physiotherapeutischen Maßnahmen werden nicht nur eingesetzt, um das Wohlbefinden des Pferdes zu steigern, sondern auch um Verletzungen schneller auskurieren zu können. Zudem versucht man, den Fitnesszustand des Pferdes trotz Verletzung zu erhalten. Die Physiotherapie bietet aber auch Behandlungen, die der Prävention dienen, so dass Verletzungen oder vorzeitige Verschleißerscheinungen vermieden beziehungsweise die Wahrscheinlichkeit, dass diese auftreten, deutlich verringert werden können.

Einige physiotherapeutische Maßnahmen kann jeder Pferdebesitzer ohne viel Aufwand selbst anwenden. Ein einfaches Mittel ist das Wasser, das häufig zu therapeutischen Zwecken zum Einsatz kommt. Man kann Wickelungen machen, Angüsse oder nach kneippschem Vorbild das Pferd im Wasser treten lassen.

Die gängigste Praxis ist das Abspritzen der Pferdebeine mit kühlem Wasser mit dem Gartenschlauch. Dies sollte man zumindest im Sommer nach jedem Training anwenden, um die Sehnen zu kühlen, die Durchblutung zu fördern und das Anlaufen der Beine zu verhindern. Beim Ausritt sollte kein Bach ausgelassen werden, wenn man gefahrlos hineinreiten kann, um die Beine des Pferdes zu kühlen. Waten in tieferem Wasser stärkt die Muskulatur und das Herz-/Kreislaufsystem bei größtmöglicher Schonung des Knochen- und Gelenkapparates. Wasser ist das Mittel der Wahl, wenn man kühlende Anwendungen machen möchte.

Gilt es hingegen, das Pferd warm zu halten, was bei chronischen Gelenkerkrankungen sinnvoll ist, helfen Wärmebandagen und – insbesondere für den Rückenbereich – ein Solarium. Die Rotlichtlampen des Solariums bieten eine wohltuende Wärme, was sehr zur Entspannung und damit zum Wohlbefinden des Pferdes beiträgt. Will man das Solarium therapeutisch nutzen, benötigt man spezielle Tiefenwärmestrahler (Spektrum im Infrarot-A-Bereich), die sehr viel teuerer sind als die üblich verwendeten Wärmestrahler, die im Infrarot-B/C-Bereich arbeiten und hauptsächlich die oberflächliche Haut und die Umgebung (Luft) erwärmen.

Auch wenn spezielle Tiefenwärmelampen verwendet werden, die bis zu fünf Zentimeter unter die Haut eindringen, genügt dies nicht für das Aufwärmen der Muskulatur für die Arbeit unter dem Sattel. Die Muskelschichten des Pferdes sind hierfür viel zu massig, dass eine vollständige Erwärmung möglich wäre.

Sehr angenehm empfinden Pferde auch Massagen, die sowohl das Wohlbefinden des Pferdes steigern als auch das Ausheilen von Verletzungen unterstützen können. Die klassische Massage bietet hier viele Grifftechniken, die je nach Therapieziel ausgewählt werden. Massage kann entspannend wirken, aber auch anregend – je nach dem, welche Art von Massage man wählt und in welcher Form (Stärke, Schnelligkeit etc.) man diese ausführt. Die Massage kann auch dazu beitragen, die Muskulatur zu lockern und sie für den Wettkampf oder das Training vorzubereiten. Auch für die Nachsorge der Muskulatur helfen bestimmte Massagetechniken, so dass Muskelprobleme, -verspannungen und -verletzungen vermieden werden können.

Dasselbe gilt für passive Dehnübungen, die neben dem Physiotherapeuten auch erfahrene Pferdebesitzer ausführen können. Man sollte sich jedoch von einem ausgebildeten und kompetenten Therapeuten anweisen lassen, bevor man sich in der Praxis am Pferd versucht.

Falsche Techniken können nämlich auch das Gegenteil bewirken und im schlimmsten Fall Verletzungen hervorrufen.

Bei einem Ausritt sollte man jede Gelegenheit nutzen, die Beine des Pferdes in einem Bach zu kühlen.

Bei jeglichem Training und physiotherapeutischen Behandlungen sollte der Reiter neben der korrekt erlernten Technik und Methode auch mit viel Gefühl herangehen.

Oft verhilft das richtige Einfühlungsvermögen zu größerem Erfolg und einem harmonischeren Miteinander zwischen Mensch und Pferd als jede technische Errungenschaft. Mit einem vernünftigen Trainingsaufbau und der pferdegerechten Versorgung des Vierbeiners werden Freizeitreiter stets viel Freude bei ihrem Hobby haben. Der Sportreiter hingegen wird bei Wettkämpfen und Turnieren gute Erfolge erzielen können.

Nachwort

Weil die Anforderungen an die Leistungen des Pferdes sowie die Konstitution des jeweiligen Pferdes in Verbindung mit seinem Typ, der Rasse und dem Charakter so unterschiedlich sind, gibt es keine Trainingsregel, die man für jedes Pferd anwenden kann, um zum Erfolg zu kommen. Nicht zuletzt nehmen auch die Ausrüstung und das Können des Reiters auf die Leistungsfähigkeit des Pferdes erheblichen Einfluss. Deshalb muss jeder Reiter unter Berücksichtigung der individuellen Umstände einen eigenen (Trainings-)Weg mit seinem Pferd finden. Mit dem Grundlagenwissen der Trainingslehre wird dies dem offenherzigen Reiter auch gelingen.

Dieses Buch soll aber nicht nur dem Sportreiter eine Grundlage bieten, um die Leistungsfähigkeit seines Pferdes zu steigern, sondern auch dem Freizeitreiter aufzeigen, dass allein das Spazierenreiten eben mehr ist, als sich nur vom Pferd durch die Gegend tragen zu lassen. Die Gesunderhaltung des Pferdes ist eine große Herausforderung und unterliegt der Verantwortung eines jeden Pferdebesitzers. Sie kann und muss über ein gut durchstrukturiertes Training gefördert werden.

Wenn die Reiter sich der Belastungen bewusst sind, die bei jedem Ritt auf ihre Pferde einwirken, werden viele Reittiere nicht mehr als Sportgerät missbraucht, sondern als Partner im Sport und in der Freizeit verstanden. Dann hat es sich gelohnt, sich mit der Trainingslehre von Pferden auseinander zu setzen.